Inhaltsverzeichnis

2. Ausbildungsjahr

Lernfeld 5: Herstellen von kleinen Gerichten

Lernfeld 6: Herstellen von Feinen Backwaren aus Massen

Lernfeld 7: Herstellen von Füllungen, Cremes und Süßspeisen

Lernfeld 8: Entwerfen und Herstellen von Torten und Desserts

3. Ausbildungsjahr

Lernfeld 9: Verarbeiten von Zucker

Lernfeld 10: Arbeiten mit Marzipan

Inhaltsverzeichnis

Lernfeld 11: Herstellen von Erzeugnissen mit/aus Kuvertüre

Lernfeld 12: Herstellen von Speiseeis

Lernfeld 13: Herstellen von Spezialgebäcken

Lernfeld 14: Planen und Durchführen von Aktionen

Frühstück

Im ruhigen und gemütlichen Konditorei-Café bevorzugen viele Gäste ein gepflegtes Frühstück, das sie nach ihren Wünschen zusammenstellen können. Sie sollen für die Erstellung der Speisekarte die Bestandteile verschiedener Frühstücksangebote festlegen.

1 Stellen Sie ein einfaches Frühstück für die Speisekarte im Café zusammen und geben Sie bei den jeweiligen Bestandteilen einige Wahlmöglichkeiten für die Gäste an.

Getränke:

Backwaren:

Backwaren für gesundheitsbewusste Menschen:

Grundaufstrich:

süße Aufstriche:

pikante Auflagen:

2 Nennen Sie zusätzliche Zugaben für ein erweitertes Frühstück.

gut bekömmlich: pikant:

Feine Backwaren: • •

Erfrischendes: • • •

Getränke: • • •

Müsli mit
- Milcherzeugnissen:
- Getreideerzeugnissen:
- Früchten:

3 In der Speisekarte werden Frühstücke mit werbewirksamen Begriffen angeboten, die sich auf eine bestimmte Zielgruppe beziehen. Stellen Sie passende Zugaben für ein „Fitnessfrühstück" zusammen. Die Auswahl an Getränken bleibt bei allen Frühstücksangeboten meistens gleich.

Backwaren: •

Zugaben: •

4 Stellen Sie auf einem Extrablatt mögliche Zugaben für folgende Frühstücksangebote zusammen: kleines Frühstück, großes Frühstück, Wohlfühlfrühstück bzw. Wellnessfrühstück, Sportlerfrühstück bzw. Powerfrühstück, Schlemmerfrühstück bzw. Luxusfrühstück, Kinderfrühstück.

Name:	Klasse:	Datum:

Salate

Unter dem Motto „Erfrischende Sommersalate" soll im Café Ihrer Konditorei eine Aktion stattfinden. Sie planen hierfür passende Salatteller und richten diese her.

1 Geben Sie Beispiele bekannter Salate an, die im Café serviert werden.

Salatteller mit verschiedenen Salaten und Gemüse	Salatteller mit speziellen geschmacksgebenden Zutaten: Salate mit…	Salate aus hauptsächlich einem Gemüse, meist als Beilage zu Speisen
•	•	•
•	•	•
•	•	•
•	•	•

2 Mit folgenden Zutaten wird Vinaigrette (Salatsoße) bzw. Dressing hergestellt. Tragen Sie die Zutaten für Vinaigrette und Dressing ein und benennen Sie die Würzstoffe, mit denen die Salatsoße und das Dressing abgeschmeckt werden.

200 g Joghurt, 200 g Salatöl, 40 g Orangensaft, 20 g Zitronensaft, 100 g Essig, 40 g Salatöl

Vinaigrette (sprich: Vinägret)	Dressing
• (2 Teile)	• (Hauptzutat)
• (1 Teil)	•
	•
	•

abschmecken mit:

Dressings enthalten mindestens einen geschmacksgebenden Stoff wie Joghurt, z. B.

3 Beschreiben Sie die Grundsätze bei der Zubereitung von Salattellern.

Zustand der verwendeten Salate:

Auswahl der Salatzutaten, damit ein „lebendiger" Salatteller entsteht:

Zeitpunkt des Marinierens:

Zugabe zu den Salattellern beim Servieren:

Toastvariationen, Suppen

Ein Gast im Café bestellt Toast Hawaii, ein anderer eine Zwiebelsuppe. Sie werden beauftragt, diese kleinen Gerichte in der Café-Küche zuzubereiten.

LF 5

1 Beschreiben Sie die Bestandteile von Toasts, die im Café als kleine Speisen serviert werden.

Unterlage:

Belagbeispiele:

Auflage:

2 Was versteht man unter Toasten der Toastbrotscheiben? Unterstreichen Sie die richtige Antwort.

- Backen der Toastbrotscheiben
- Trockene Toastbrotscheiben werden im Toaster weich
- Überbacken der Toastbrotscheiben mit Käse
- Trocknen der Toastbrotscheiben
- Rösten der Oberfläche der Toastbrotscheiben
- Butter auf getoastete Toastbrotscheiben verstreichen

3 Benennen Sie die abgebildete Toastart und beschreiben Sie die dargestellten Herstellungsschritte.

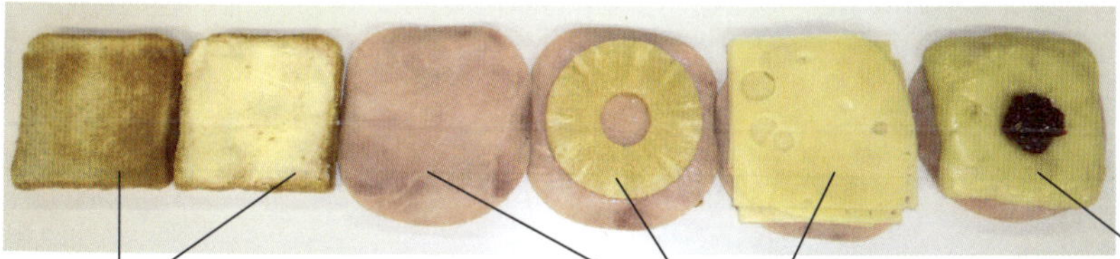

Toastname:

Basis:

-
-

Beläge:

-
-
-

Fertigstellen:

-
- evtl. Preiselbeeren auflegen

4 Nennen Sie Suppen, die für das Speisenangebot eines Konditorei-Cafés passen.

5 Beschreiben Sie, in welchem Geschirr und in welchem Zustand Suppen serviert werden.

Beilagen:

Name:	Klasse:	Datum:

Teigwaren, Nudelgerichte

„Nudelgerichte mit selbst hergestellten Nudeln". So wirbt Ihre Konditorei in der Speisekarte Ihres Cafés.
Sie sollen einen Nudelteig herstellen und mit der Nudelmaschine verschiedene Nudelformen gestalten. In der Caféküche stellen Sie dann verschiedene Nudelgerichte her.

1 Teigwaren sind bekannt unter dem Begriff ______________________.

Nennen Sie das spezielle Weizenmahlerzeugnis, mit dem ein Nudelteig hergestellt wird:

______________________.

Erklären Sie die Vorteile dieses Mahlerzeugnisses gegenüber Weizenmehl, indem Sie die Sätze ergänzen.

Eiweißgehalt: Hartweizen ist ein besonders ______________________ Weizen.

Grieß ist körniges Mehl: Hartweizengrieß enthält gröbere ______________________ als Mehl.

Durch Hartweizengrieß bleiben Nudeln nach dem Kochen ______________________.

2 Tragen Sie in das Rezeptbeispiel die Zutaten ein und erklären Sie die Herstellung des Nudelteigs.

Rezeptbeispiel: Nudelteig	Herstellung zu gebrauchsfertigen Nudeln
1 000 g ______	• ______
500 g ______	• ______
80 g ______	• ______
10 g ______	• ______
______ g Nudelteig	

3 Beschreiben Sie das Kochen der Nudeln.

Erklären Sie, was „Nudeln al dente kochen" bedeutet.

____

Nach dem Kochen:

____

Für einen volleren Geschmack der Nudeln vor dem Servieren:

____

4 Benennen Sie das abgebildete bekannte Nudelgericht.

Name: ______________________

Soße: ______________________

Teigspeisen: Pizzas

Ihre Konditorei bietet Pizzas als kleine Gerichte oder Snacks im Café an. Sie sollen einen Teig herstellen, passende Beläge herrichten und den Pizzateig belegen.

LF 5

1 Suchen Sie aus folgenden Zutaten mit den Gewichtsangaben die richtigen Zutaten für einen Pizzateig aus und erstellen Sie so ein Rezept.

500 g Weizenmehl und 500 g Roggenmehl, 1 000 g Weizenmehl, 100 g gehackte Sonnenblumenkerne, 20 g Backpulver, 10 g Hirschhornsalz, 30 g Hefe, 100 g Butter, 50 g Backmargarine, 80 g Speiseöl, 500 g Wasser, 300 g Milch und 300 g Wasser, 600 g Milch, 120 g Zucker, 100 g Eier (2 Stück), 1 Prise Salz, 15 g Salz, Zitronen- und Vanillearoma, Oregano

Rezept: Pizzateig

______ g Pizzateig

2 Beschreiben Sie mithilfe folgender Abbildungen die Herstellung und Aufarbeitung eines Pizzateigs bis zum Belegen der Pizzas.

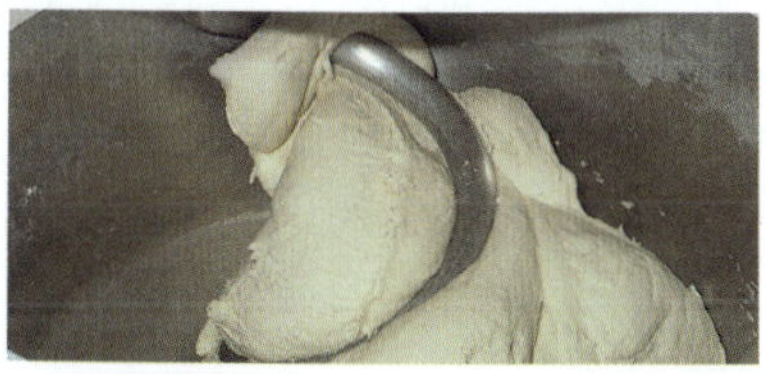

Knetzeit im Spiralkneter:

Langsamgang:

Schnellgang:

Teiglinge entspannen:

Fertigstellen:

-
-

3 Geben Sie den Namen einer Pizza Ihrer Wahl an und nennen Sie die Zutaten, mit denen Sie die Pizza der Reihe nach belegen.

Name der Pizza: ______

- grundsätzlicher Aufstrich:
- Würzstoffe:
- geschmackbestimmende Beläge:
- obere Auflage:

Backtemperatur: Servieren:

Name:	Klasse:	Datum:

Teigspeisen: Zwiebelkuchen, Quiches

LF 5

Ihre Konditorei bietet im Laden und im Café Zwiebelkuchen und verschiedene Quiches an. Damit die Fachverkäuferinnen und Bedienungen diese Backwaren erklären können, sollen Sie ein Informationsblatt erstellen.

1 Berechnen Sie die Teigmengen und benennen Sie die drei Teige, aus denen Zwiebelkuchen hergestellt werden können.

500 g Weizenmehl	500 g Weizenmehl	500 g Weizenmehl
250 g Milch	200 g Quark	300 g Butter
30 g Hefe	200 g Eier (4 Stück)	200 g Eier (4 Stück)
100 g Eier (2 Stück)	100 g Butter, flüssig oder Öl	10 g Backpulver
100 g Butter	20 g Backpulver	5 g Salz
30 g Zucker	10 g Salz	____ g ____
5 g Salz		
____ g ____	____ g ____	

2 Nennen Sie anhand der Abbildungen die entsprechenden Zutaten zu den Gewichtsangaben für den Belag eines Zwiebelkuchens und beschreiben Sie die Herstellungsschritte.

1 200 g ____

100 g ____

400 g ____

400 g ____

200 g ____

200 g ____

10 g ____

Servieren:

3 Erklären Sie Quiches, indem Sie die Bestandteile der runden Kuchen benennen.

Überwiegend verwendeter Teig als Boden:

Hauptzutaten für den Belag in fast allen Quiches:

-
-
-

Würzstoffe zu den Hauptzutaten:

-
-
-

Die bekannte **Quiche Lorraine** enthält zusätzlich noch geschmackbestimmende Zutaten:

-
-

Nennen Sie verschiedene Quiches, bei denen der zusätzliche geschmacksgebende Hauptrohstoff im Namen enthalten ist:

Gekochte Eier, Spiegeleier, Rühreier

In der Café-Küche sollen Sie Eier kochen, die zum Frühstück, als Zugabe für Salatteller und zum Belegen von Snacks verwendet werden. Außerdem sollen Sie Spiegeleier und Rühreier herstellen, die im Café bestellt wurden.

1 Erklären Sie mithilfe der Abbildungen die Arbeitsschritte beim Kochen von Eiern.

Arbeitsschritte	Begründung
• Die Eier	•
• Die Eier	•
• Die Eier	•
• Die Eier	•

2 Geben Sie die Kochzeiten folgender Eier an:

weiche Frühstückseier:	hart gekochte Eier für Salate:	schnittfeste Eier für belegte Snacks:

3 Sie sollen Spiegeleier und Rühreier herstellen. Die folgenden Arbeitsschritte der Herstellung sind durcheinandergeraten. Übertragen Sie die Sätze in der richtigen Reihenfolge in die entsprechende Spalte.

• Eier aufschlagen und in die Pfanne geben. • Die Eier bei geringer Hitze unter ständigem Bewegen zu einer weichen Eiermasse stocken lassen. • Die Eier stocken lassen, wobei das Eigelb noch weich bleibt. • Eier mit etwas Salz und Pfeffer verrühren. • Fett in einer Pfanne erhitzen. • Nur das Eiklar salzen. • Die Eier in eine gefettete Pfanne gießen.

Herstellung: Spiegeleier	Herstellung: Rühreier
•	•
•	•
•	•
•	

Name:	Klasse:	Datum:

Eierspeisen

Zu den kleinen Gerichten im Konditorei-Café gehören vor allem die gut bekömmlichen Eierspeisen. Sie richten die Zutaten für verschiedene Eierspeisen her, die im Café angeboten werden.

1 Erstellen Sie ein Rezeptbeispiel für Pfannkuchen und Crêpes, indem Sie die entsprechenden Zutaten zu den Gewichtsangaben eintragen.

500 g

300 g

200 g

ca. 2 g (1 Prise)

2 Pfannkuchen und Crêpes werden nach der Herstellung gefüllt. Nennen Sie mögliche Füllungen:

3 Ergänzen Sie folgenden Text, der die Herstellung von Pfannkuchen und Crêpes erklärt.

- Die Zutaten zu einer glatten Eiermasse ______.
- Eine Pfanne mit etwas ______ einfetten.
- Die Eiermasse in die Pfanne ______.
- Die Pfannkuchen bzw. Crêpes auf beiden Seiten leicht ______.
- Die Pfannkuchen bzw. Crêpes ______ und dann ______.
  Crêpes können auch zusammengelegt werden.

4 Unterstreichen oder markieren Sie die Sätze mit den richtigen Aussagen.

- Pfannkuchen werden auch Palatschinken genannt.
- Palatschinken sind Pfannkuchen mit Schinken.
- Omeletts, mit Früchten gefüllt, werden als Palatschinken bezeichnet.
- Crêpes sind dicke Pfannkuchen mit Karamellsoße gefüllt.
- Die Eiermasse für Crêpes enthält weniger Mehl und ist somit dünnflüssiger, sodass Crêpes dünner als Pfannkuchen sind.
- Crêpes sind Pfannkuchen mit Vanilleeis oder frischen Früchten.

5 Nennen Sie die Zutaten, aus denen Omeletts hergestellt werden.

Beschreiben Sie mithilfe der Abbildungen die Herstellung von Omeletts.

Nennen Sie mögliche pikante Zutaten zu den Omeletts, die auf die Eier in die Pfanne gegeben werden können:

Kanapees (Canapés)

Für einen Stehempfang anlässlich eines Firmenjubiläums sollen Sie mit Ihrer Kollegin Kanapees herstellen, diese anschließend zum Festsaal liefern und dort dekorativ anrichten.

1 Erläutern Sie den Begriff „Kanapees", auch „Canapés" geschrieben.

2 Nennen Sie das überwiegend verwendete Brot für Kanapees.

Weitere Brotsorten für Kanapees sind:

3 Finden Sie im folgenden Wortsalat die hauptsächlichen Lebensmittel, mit denen Kanapees belegt werden. Tragen Sie diese entsprechend ein.

KÄSETOMATENLACHSPETERSILIEOBSTFLEISCHWURSTEIERBUTTER
ESSIGGURKENKAVIARSCHINKENPAPRIKARADIESCHENSALAMIOLIVEN

Die Brotscheiben werden bestrichen mit .

Hauptbeläge:

Zutaten zum Garnieren:

4 Wie sollten Kanapees belegt werden, damit sie ein ansprechendes Aussehen ergeben?

Was ist zu beachten, damit die Gäste Kanapees mit bester Qualität erhalten?

-
-

Kanapees sollen geliefert werden. Wie werden sie geliefert und bis zum Servieren gelagert?

5 Wie werden Kanapees gegessen?

Name:	Klasse:	Datum:

Überbackene Snacks als kleine Speisen

LF 5

Snacks sind kleine vorbereitete Speisen zum sofortigen Verzehr. Ihre Aufgabe ist es, überbackene Snacks herzustellen und bei der Bestellung im Café zu servieren.

1 Erläutern Sie den Begriff „überbackene Snacks".

2 Nennen Sie Backwaren, die sich für überbackene Snacks eignen.

-
-
-
-

3 Beschreiben Sie die Herstellung überbackener Snacks mithilfe der Abbildungen.

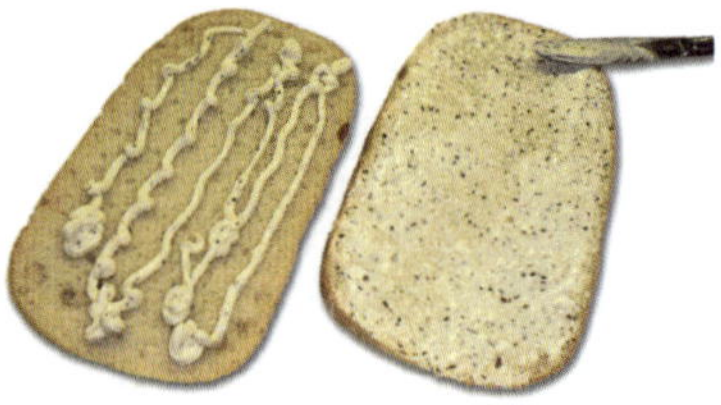

Beispiele für den Aufstrich:

-
-
-
-

Beispiele für den Belag:

Wurstwaren:

Gemüse:

Käse gerieben: •

Käse in dünnen Scheiben: •

4 Wie werden Snacks in der Backstube oder im Laden überbacken?

5 In welchem Zustand werden überbackene Snacks serviert, da sie so am besten schmecken?

Kaffee

Sie helfen mit, eine neue Getränkekarte für das Café zu erstellen. Um den Gästen die gute Qualität der Kaffeegetränke in Ihrem Café näherzubringen, sollen Sie einen Informationstext über die Kaffeebohnen und deren Inhaltsstoffe formulieren.

1 Tragen Sie die Lösungen der Aufgaben in die Kästchen ein. (Ä = Ä, Ö = Ö, Ü = Ü)

1. Kaffee wird angebaut in den tropischen Gebieten der Länder rund um den …
2. Welchen Steinfrüchten sind die reifen Früchte der Kaffeepflanzen äußerlich ähnlich?
3. In den Kaffeefrüchten befinden sich jeweils zwei helle Samenkerne. Sie werden bezeichnet als …
4. Wie heißt der Vorgang, bei dem die hellen Samenkerne die braune Farbe und das Kaffeearoma erhalten?
5. Die Kaffeebohnensorte, die im Hochland geerntet wird und ein besonders gutes Kaffeearoma ergibt, heißt …
6. Wie heißt die Kaffeebohnensorte, die einen etwas bitteren und kräftigeren Kaffeegeschmack ergibt?

1.
2.
3.
4.
5.
6.

2 Erklären Sie den Unterschied der Espressobohnen gegenüber Kaffeebohnen.

Röstung der Espressobohnen:

Auswirkung auf den Geschmack von Espresso:

3 Benennen Sie die Inhaltsstoffe der Kaffeebohnen und beschreiben Sie deren Wirkungen beim Kaffeetrinken auf den Körper, indem Sie folgende Wörter und Wortteile in den Text einfügen.

ätherische – Aroma – beschwerden – Blut – druck – fähiger – Geruch – Geschmack – Herz – Koffein – leistungs – Magen – Nerven – Öle – riechen – Säuren – schmecken – system – tätigkeit – Verdauung – verflüchtigen

Inhaltsstoffe des Kaffees	Wirkungen
Kaffee enthält 1,5 bis 2 % _____ .	• Es wirkt in kurzer Zeit auf den Körper und steigert die _____ _____ und erhöht somit den _____ . • Auch das zentrale _____ wird angeregt. Der Körper und das Gehirn werden dadurch _____ .
Im Kaffee befinden sich ca. 3,5 % _____ _____ .	• Sie regen die Verdauungssäfte an und fördern somit die _____ . • Es wird auch mehr Salzsäure im Magen gebildet, die bei empfindlichen Menschen zu _____ führen kann.
Kaffee enthält ca. 12,5 % _____ _____ .	• Sie geben den Kaffeegetränken das hauptsächliche _____ , d. h. den _____ und _____ . • Diese Öle _____ sich aus den Kaffeegetränken, die dadurch intensiv _____ und _____ .

Name: | Klasse: | Datum:

Kaffeegetränke

Sie bereiten am Büfett im Café die von den Gästen bestellten Kaffeegetränke zu. Dafür verwenden Sie auch die richtigen Tassen bzw. Gläser.

1 Welche Kaffeemenge enthält eine Tasse Kaffee meistens? ______ ml

Wie viel Kaffeepulver wird dafür benötigt? ______ g

Für Espresso der verschiedenen Kaffeegetränke wird die gleiche Menge Pulver von ______ verwendet.

2 Beschreiben Sie bekannte Kaffeegetränke.

Kaffeegetränke	Besonderheiten
Tasse Kaffee	• eine Tasse ______ , • serviert mit ______ und • ______ bzw. ______ 
Cappuccino	• in einer großen Cappuccinotasse: ______ • obendrauf: ______ • Dekor: ______ 
Milchkaffee	große Kaffeetasse mit 200 bis 230 ml: • ______ • ______
Latte macchiato	in einem Kaffeeglas mit 200 ml ergeben sich drei Farbschichten aus: • unten: ______ • in der Mitte: ______ • oben: ______ 
Espresso	in einer kleinen dickwandigen Espressotasse: • ca. ____ g starker ______ Espressopulvermenge: ______ • servieren mit ______ 
Eiskaffee	ein hohes gekühltes Glas • in das Glas portionieren: ______ • das Glas füllen mit: ______ • obendrauf: ______ • Dekor: ______ 
Kaffee mit Schuss	• eine Tasse ______ • in einem speziellen Glas dazu servieren: ______ , z. B. ______ ______ 

Tee, Kräuter- und Früchtetees

LF 5

Ein Gast erzählt, dass ihm schwarzer Tee zu bitter sei und er auch abends keinen Tee trinken könne, weil er dann Schlafbeschwerden bekäme. Sie bieten ihm teeähnliche Erzeugnisse an und erklären ihm die Unterschiede zum Tee. Dabei gehen Sie auch auf die Ziehzeiten der verschiedenen Teesorten ein.

1 Woraus wird Tee hergestellt?

2 Geben Sie die Inhaltsstoffe der Teeblätter an und beschreiben Sie deren Wirkungen auf den Körper beim Teetrinken.

- ______ : Steigert die Durchblutung des Gehirns und stimuliert leicht das Nervensystem.
- Gerbstoffe: für den Teegeschmack: geben einen ______
  für die Gesundheit: ______
- ______ : sind allgemein gesundheitsfördernd
- ______ : sind die hauptsächlichen Aromageber des Tees

3 Tees, die nicht aus den Blättern des Teestrauchs hergestellt werden, sind Kräuter- und Früchtetees aus getrockneten Blättern, Blüten, Früchten u. a. Zählen Sie Beispiele auf.

4 Welche zwei Inhaltsstoffe des Tees befinden sich nicht in den Kräuter- und Früchtetees?

- ______
- ______

5 Beschreiben Sie die Zubereitung von schwarzem und grünem Tee.

schwarzer Tee	grüner Tee
Teemenge für eine Tasse: ______ oder ______ , ca. 2 g	
Frisches Wasser ______ , das dann ______ beim Übergießen der Teeblätter hat.	Frisches Wasser auf ca. ______ .
Ziehzeit der Teeblätter im heißen Wasser: ______	______
Bei längerer Ziehzeit werden die Tees ______ .	

Ziehzeit Kräuter- und Früchtetees: ______

Name:	Klasse:	Datum:

Milchgetränke

Für die Kunden im Café richten Sie verschiedene Milchgetränke und Milchmixgetränke her. Sie geben diese in die entsprechenden Gläser und stellen sie zum Servieren bereit.

LF 5

1 Ordnen Sie die nachfolgenden Stichworte den passenden Milchgetränken in der richtigen Reihenfolge zu, von der Zubereitung bis zum Servieren.

große Tasse für 200 ml – Trinkhalm und Eislöffel – Schokoladenspäne – bis 70 °C heiße Milch – kleiner Löffel – ca. 15 g Schokoladenpulver – zwei Kugeln Vanilleeis – Schlagsahnehaube – gekühltes hohes Glas – Schokosoße – Schlagsahnehaube – kalte Trinkschokolade

Trinkschokolade (heiße Schokolade)	Eisschokolade
1.	1.
2.	2.
3.	3.
4.	4.
5.	5.
6.	6.

2 Tragen Sie die Zutaten für eine Bananenmilch in das Rezept ein und beschreiben Sie die Herstellung dieses Milchmixgetränks.

Rezeptur	Herstellung
200 g	•
160 g	
ein Spritzer	•
Milchmixgetränke können auch mit anderen Früchten hergestellt werden, z. B. mit .	

3 Erklären Sie, was man unter Milchshakes versteht, indem Sie den Text ergänzen. Tragen Sie die Zutaten im Rezeptbeispiel des Erdbeershakes ein und beschreiben Sie die Herstellung.

Milchshakes sind Milchmixgetränke aus:	Rezeptur	Herstellung
•	200 g	•
•	150 g	
•	100 g	•

4 Beschreiben Sie, wie Milchmixgetränke mit Früchten serviert werden.

Temperatur der Milch:

Gläser:

Auf Unterteller servieren mit

Erfrischungsgetränke

Sie sollen am Cafébüfett die bestellten Getränke herrichten. Zur Einführung bekommen Sie ein Informationsblatt über Erfrischungsgetränke. So können Sie Fruchtsäfte und Fruchtgetränke unterscheiden sowie die Besonderheiten von Cola und Mineralwasser erklären.

1 Erklären Sie, was man nach den Bestimmungen der Leitsätze unter „Erfrischungsgetränken" versteht.

2 Benennen Sie die Fruchtgetränke und tragen Sie den vorgeschriebenen Fruchtsaftgehalt ein.

Fruchtsaftgehalt: %

Fruchtsaftgehalt: %

Fruchtsaftgehalt:

% Kernobst und Trauben

% Zitrusfrüchte

% alle anderen Früchte

3 Nennen Sie die Bestandteile, aus denen sich Limonaden zusammensetzen.

- Hauptbestandteil:
- mindestens 7 %
- natürliche
- 3 bis 15 %

4 Benennen Sie die folgenden Limonaden und geben Sie die zusätzlichen typischen Zutaten an.

dunkle Limonade: anregender Stoff: Farbstoff:

Cola light: enthält statt Zucker

gemischte Limonade: halb , halb

Limonaden mit dem Bitterstoff Chinin: • •

5 Erklären Sie „natürliches Mineralwasser". Beschreiben Sie auch, wie Mineralwasser nach den gesetzlichen Bestimmungen im Café serviert werden muss. Setzen Sie die richtigen Wortteile zusammen und füllen Sie die Lücken des Textes mit den Wörtern.

etikett – flasche – Flaschen – frischer – geöffnet – Glas – Kohlen – magen – Mineral – Namen – Original – Quelle – säure – stoffen – verträglicher – Wasser

Natürliches Mineralwasser ist reines mit vielen , das so aus der kommt. Der einzige erlaubte Zusatz in Mineralwasser ist , damit es wirkt; ohne Kohlensäure ist Mineralwasser für den Körper . Bestimmungen beim Servieren: Mineralwasser muss in der serviert werden, die direkt beim Gast wird. Als Service für den Gast: Etwas Mineralwasser in ein schenken und die Flasche so auf den Tisch stellen, dass der Gast das mit dem der Quelle sehen kann.

Name:	Klasse:	Datum:

Biere

Ein Gast in Ihrem Café kennt die Unterschiede der angebotenen Biersorten nicht und ist sich deshalb bei der Bestellung unschlüssig. Sie erläutern ihm die Geschmacksvarianten der Biere.

1 Tragen Sie die Zutaten ein, aus denen Biere hergestellt werden, und ergänzen Sie den Text über die Bedeutung der einzelnen Zutaten.

Zutaten	Bedeutung
• ______ Getreideart: ______ , für Weizenbiere: ______ und ______ 	Aus Getreide entsteht Malz, indem die Stärke des Getreides von Enzymen zu ______ abgebaut wird. Malz gibt den Bieren durch den Malzzucker einen ______ , d. h. gering ______ Geschmack. Das Malz wird bei hohen Temperaturen ______ und somit getrocknet. Malz, bei ca. 80 °C gedarrt, behält die helle Farbe, für ______ Biere. Durch Darren bei ca. 110 °C entsteht dunkles Malz, für ______ Biere.
• ______ 	Die Wirkung auf die Biere: • Er gibt einen feinen, ______ Geschmack. • Er festigt den ______ im Bierglas. • Er wirkt beim Trinken beruhigend und leicht ______ .
• ______	Bier besteht zu über 90 % aus Wasser. Weiches bis mittelhartes Wasser ist deshalb entscheidend für die ______ der Biere.
• ______	Sie ______ den Zucker des Malzes zu ______ und ______ , woraus die Kohlensäure im Bier entsteht.

2 Nennen Sie Bezeichnungen für Biere mit folgendem Alkoholgehalt:

Alkoholgehalt	Biersorten
höchstens 0,5 % vol	
ca. 3 % vol	
ca. 5 % vol	
über 6 % vol	

3 Erläutern Sie das Getränk Radler bzw. Alsterwasser.

4 Ein Gast beschwert sich, weil der Bierschaum völlig zusammengefallen ist und das Bier somit unappetitlich aussieht. Welche Ursachen können vorliegen?

Weine, Weinreben, Weinherstellung

Im Rahmen einer Fortbildungsveranstaltung besichtigen Sie ein Weingut. Dort können Sie bei der Weinlese zuschauen und die anschließende Weinherstellung wird Ihnen erläutert. Nach der Veranstaltung sollen Sie in Ihrem Berichtsheft die verschiedenen Weine und deren Herstellung beschreiben.

1 Nennen Sie die Weinarten, die aus folgenden Weintrauben hergestellt werden, und ziehen Sie Pfeile von den Weintrauben zu den Weinarten.

Weinarten: • ______ • ______ • ______

2 Woher erhalten Rotweine und Roséweine ihre Rotfärbung, obwohl der Most (Saft) aller Weintrauben hell ist? Ergänzen Sie die erklärenden Sätze.

Während der Gärung der Weine lösen sich ______ aus den ______ der blauen Weintrauben und färben den Wein ______.

Für Roséweine werden nach der ______ die ______ der blauen Weintrauben vom gärenden Most getrennt.

3 Jedes Weinbaugebiet hat seine speziellen Rebsorten. Tragen Sie in die Kästchen vor den folgenden Rebsorten deutscher und europäischer Weine ein „W" für Weißwein und ein „R" für Rotwein und Roséwein ein.

	Riesling		Silvaner		Blauer Spätburgunder		Müller-Thurgau
	Trollinger		Portugieser		Schwarzriesling		Bacchus
	Kerner		Chardonnay		Merlot		Cabernet Sauvignon
	Gewürztraminer		Scheurebe		Domina		Lemberger

4 Tragen Sie die beschriebenen Begriffe der Weinherstellung ein.

Abnehmen (Ernten) der Weintrauben von den Rebstöcken: ______ → Zerquetschte Weintrauben (Saft, Schalen und Kerne): ______ → Beim ______ (Pressen) der Maische trennen sich → Traubensaft: ______ / Schalen, Kerne: ______

Durch Zugabe von Weinhefe in den Most erfolgt die ______ → Während dieser Zeit wird der Zucker des Mostes vergoren zu ______ → Nach dem Gären erfolgt bei der monatelangen Lagerung in Fässern die ______ → Der reife, trinkfertige Wein wird zum Verkauf abgefüllt in ______

Der Wein, der nach kurzer Gärung entnommen wird und somit erst einen geringen Alkoholgehalt besitzt, wird bezeichnet als ______.

Name:	Klasse:	Datum:

Weine: Qualitätsstufen, Geschmacksrichtungen, Lagerung

LF 5

In Ihrem Konditorei-Café sortieren Sie die Weine nach den Qualitätsstufen und lagern die Weine fachgerecht. Im Café werden ein süß schmeckender Rotwein und ein leicht süßlicher Weißwein guter Qualität bestellt. Sie servieren die gewünschten Weine.

1 Nennen Sie die Qualitätsstufen und die Prädikatsstufen deutscher Weine.

Je höher das Prädikat der Weine, desto länger hingen die Weintrauben an den Reben und desto höher ist der ______________.

Je höher das Prädikat, desto ______________ schmecken die Weine.

Prädikatsstufen:

6. ______________
5. ______________
4. ______________
3. ______________
2. ______________
1. ______________

Höchste Qualität der Weine; aus einem Weinanbaugebiet mit geschütztem Ursprung.	______________ ______________
Hohe Qualität der Weine; aus einem Weinanbaugebiet mit geschütztem Ursprung.	______________
Weine mit etwas höherer Qualität; stammen aus einem deutschen Landweingebiet.	______________
Einfache Weine aus deutschen Weintrauben und in Deutschland hergestellt.	______________

2 Der Restzucker ist der Zucker des Weintraubensaftes, der nicht vergoren wird und im Wein übrig bleibt. Geben Sie die Geschmacksrichtungen der Weine nach dem Restzuckergehalt an.

Restzuckergehalt	bis 9 g/l	bis 18 g/l	bis 45 g/l	mindestens 45 g/l
Geschmacksrichtungen	______________ nicht süß schmeckend	______________ gering süßlich	______________ süßlich	______________ süß schmeckend

3 Beschreiben Sie die richtige Lagerung der Weine in Flaschen.
Nennen Sie die Weinarten, die bei folgenden Temperaturen gelagert und serviert werden sollten:

8 bis 13 °C: • ______________ • ______________ 15 bis 18 °C: • ______________

Die ideale Lagertemperatur für Weine in Flaschen liegt bei 10 bis 13 °C. Vor allem verträgt Wein keine Temperaturschwankungen. Weine sind außerdem sehr lichtempfindlich und sollten möglichst wenig bewegt und transportiert werden. Der Korken der Weinflaschen sollte vom Wein umspült werden, damit dieser nicht austrocknet und dadurch porös wird, sodass Luft eindringen kann und der Wein verdirbt. Beschreiben Sie anhand der Lagerbedingungen, wie Weine in Flaschen gelagert werden sollten, damit sie sich geschmacklich nicht negativ verändern.

• ______________ • ______________ • ______________

• ______________ • ______________

Schaumweine

Ein Gast bestellt in Ihrem Café ein Glas Champagner. Sie fragen Ihre Kollegin, welchen Sekt Sie nehmen sollen und welches Glas sich am besten eignet. Sie gibt Ihnen ein Sektglas, damit das Getränk moussieren kann, und erklärt, dass Champagner eine Herkunftsbezeichnung ist.

1 Beschreiben Sie die Herstellung der Schaumweine und erklären Sie die Begriffe „Schaumweine" und „Sekt", indem Sie den Text zur **Herstellung** mit den aufgeführten Wörtern ergänzen. Mit den Wörtern bei **Begriffe** bilden Sie vollständige Sätze.

Herstellung: CUVÉE – DRAHTBÜGEL – ENTFERNT – GÄRUNG – HEFE – HEFE – KOHLENSÄURE – KORKEN – SÜSSE – VERSCHIEDENE – WEINE – ZUCKER – ZWEITE

Begriffe: Weine – Kohlensäure, Weine – Qualität

Herstellung:

- ______ ______ werden zu einer ______ (sprich: Küweh) verschnitten (gemischt).
- In die Cuvée werden ______ und ______ zugegeben.
- In den Weinen erfolgt eine ______ ______, bei der Alkohol und Kohlenstoffdioxid entstehen. Aus dem CO_2 bildet sich ______.
- Nach der Gärung und mindestens sechs Monaten Lagerung wird die abgestorbene ______ aus dem Sekt ______.
- Dem nun zuckerfreien Sekt wird Zucker in Wein gelöst zugegeben, um die gewünschte ______ des Sekts für die jeweiligen Geschmacksangaben zu erreichen.
- Der Sekt, in Flaschen abgefüllt, wird mit ______ verschlossen und mit einem ______ gesichert.

Begriffe: Schaumweine ______

Sekt ist Schaumwein aus ______

2 Nennen Sie Sektsorten bester Qualität mit Herkunftsbezeichnung, die nur in den angegebenen Ländern hergestellt werden dürfen.

Frankreich: ______ Italien: ______

3 Erläutern Sie die Form eines Sektglases und begründen Sie diese.

Glasform: ______

Vorteil des hohen Glases: ______

______

4 Bei wie viel °C soll Sekt serviert und getrunken werden? ______

Name:	Klasse:	Datum:

Liköre, Likörweine

Für Pralinen, Süßspeisen und Speiseeis sowie für Schlagsahne und Cremes verwenden Sie in Ihrer Konditorei Liköre. Im Fachbuch informieren Sie sich über die Geschmacksrichtungen dieser Getränke. Finden Sie auch den Unterschied zwischen Likören und Likörweinen heraus.

1 Warum gehören Liköre zu den Spirituosen?

2 Liköre sind süß schmeckende Getränke mit einem hohen Alkoholgehalt. Nennen Sie aufgrund der Beschreibung die drei Zutaten, die als Grundlikör in jedem Likör enthalten sind.

-
-
-

In den Grundlikör wird eine geschmackbestimmende Zutat gegeben, die im Namen des Likörs ersichtlich ist. Geben Sie die verschiedenen Geschmackgeber für Liköre an.

Fruchtliköre:

Emulsionsliköre:

Kräuter-, Gewürz- und Bitterliköre:

3 Nennen Sie die geschmacksgebenden Stoffe in den Likören und bei Herkunftsbezeichnungen die Länder:

Eierlikör: auf 1 l mindestens 240 g

Amaretto: ; Likör aus

Irish Cream (Baileys):

Cassis:

Kirschlikör:

Cointreau: ; Likör aus

Grand Marnier: eingeweicht; Likör aus

Curaçao: (Curaçaoorangen)

Nennen Sie Liköre, die nach der geschmackbestimmenden Zutat benannt sind.

4 Aus welchen Bestandteilen werden Likörweine hergestellt?

-
- zusätzlich eines Weindestillats
- konzentriert, mit hohem Zuckeranteil durch Wasserentzug

Beschreiben Sie Likörweine, die einen Alkoholgehalt von 15 bis 22 % vol besitzen:

In welchen Gläsern werden Likörweine getrunken?

Inhalt:

Bekannte Likörweine sind:

(Spanien), (Portugal), (Griechenland).

Spirituosenherstellung

Sie verwenden in der Konditorei verschiedene Spirituosen. Ihr Ausbilder erklärt Ihnen, wie der hohe Alkoholgehalt in den Getränken zustande kommt. Sie beschreiben die Herstellung der Spirituosen in Ihrem Berichtsheft.

1 Als Grundlage zur Herstellung von Spirituosen wird eine alkoholische Flüssigkeit benötigt. Ergänzen Sie den Text zur alkoholischen Gärung am Beispiel von Kirschwasser.

Alkoholische Gärung von Kirschsaft				
Für die Gärung werden in den Kirschsaft _____ gegeben.	→	Sie vergären den _____ des Kirschsafts.	→	Bei der Gärung entstehen _____ und Kohlenstoffdioxid.

Der Kirschsaft enthält nach der Gärung höchstens 15 % _____, weil die Hefe bei diesem Alkoholgehalt _____.

Geben Sie Beispiele zuckerhaltiger Flüssigkeiten, die wie der Kirschsaft vergärt werden:

- Obstsäfte, z. B. _____
- aus Zuckerrohr: _____
- _____, das in Wasser eingeweicht wird; die Stärke wird in dieser Maische von Enzymen zu Malz- und Traubenzucker abgebaut.

2 Beschreiben Sie anhand der Zeichnung das Destillieren (Brennen) von alkoholischen Flüssigkeiten mit bis zu 15 % Alkohol, indem Sie den Text ergänzen.

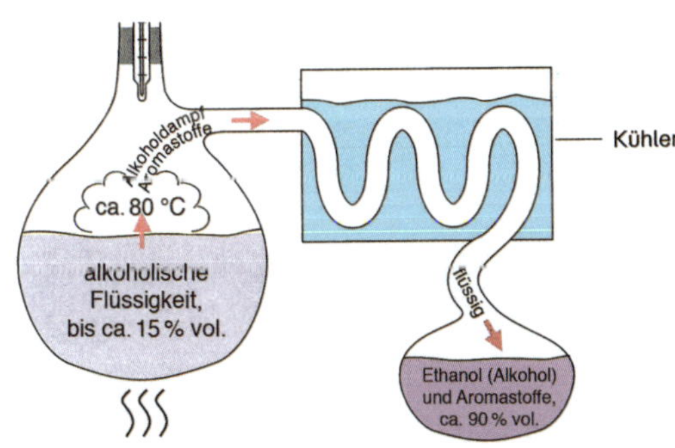

- Beim Erhitzen verdampft Wasser bei _____ °C, Ethanol (Alkohol) bei 78,3 °C und Aromastoffe bei 78,5 °C.
- Beim Destillieren werden die alkoholischen Flüssigkeiten auf ca. _____ °C erhitzt, sodass _____ und _____ gasförmig nach oben steigen.
- Der Alkoholdampf wird _____ und somit wieder _____, sodass ein _____ aus Alkohol mit Aromastoffen entsteht.
- Jeder Alkohol des Destillats hat eine _____ Farbe.

3 Erklären Sie, wie ein Destillat mit ca. 90 % Ethanol (Alkohol) zu einer z. B. 40 %igen Spirituose gemacht wird.

_____

4 Wie werden Spirituosen mit der Endbezeichnung „geist", z. B. Himbeergeist, hergestellt?

Früchte, hauptsächlich _____, werden in ca. 90 %igen _____ gelegt.

Name:	Klasse:	Datum:

LF 5

Spirituosen

Kirschwasser geben Sie in die Schlagsahne für Schwarzwälder Kirschsahnetorten, Cognac und Amaretto verwenden Sie für Trüffelpralinen und die Sultaninen für Stollen vermischen Sie mit Rum. Sie erkundigen sich bei Ihrem Ausbilder, woraus die verschiedenen Spirituosen destilliert werden. Auch die Angabe des Alkoholgehalts lassen Sie sich erklären.

1 Wie wird der Alkoholgehalt bei alkoholhaltigen Getränken angegeben?

Alkoholangabe: ______ Abkürzung: ______

Wie viel Alkohol müssen Spirituosen mindestens enthalten? ______

Beschreiben Sie die Getränke „Spirituosen" bezüglich des Alkoholgehalts.

______

2 Geben Sie die beiden Bestandteile mit ihrem jeweiligen Volumen an, die in einem Liter Spirituose mit 40 % vol enthalten sind. Berechnen Sie, wie viel Gramm Alkohol sich in diesem Liter befinden, wenn das spezifische Gewicht von Alkohol 800 g/l beträgt.

1 l Volumen der Spirituose = ________ ml	
________ ml ________	________ ml ________

1 l Spirituose mit 40 % vol enthält ______ Alkohol.

3 Geben Sie die Bezeichnungen der Spirituosen an, bei denen Wein destilliert (gebrannt) wurde.

deutsche Bezeichnung	internationale Bezeichnung	französisches Qualitätserzeugnis	italienischer Tresterbrand

4 Nennen Sie bekannte Spirituosen aus Obst.

______

______

______

Woraus werden folgende Spirituosen hergestellt und destilliert?

Rum: ______ Whisky/Whiskey, Wodka: ______

Arrak: ______ und ______

Welcher Alkohol befindet sich im „Rum-Verschnitt"?

Mindestens ______ % ______, der Rest ist ______ (beliebiger Alkohol).

5 Erklären Sie, wie Spirituosen gelagert werden.

- ideale Temperatur: ______ = kühle ______
- Schutz vor direktem ______
- Lage der Flaschen: ______
- Lagerdauer der Spirituosen in geschlossenen Flaschen: ______

Servieren von Getränken

Bei Ihrer Ausbildung im Café lernt Sie eine Kollegin beim Servieren und Abservieren von Getränken an. Für die verschiedenen Getränke richten Sie die richtigen Gläser und Tassen her. Außerdem üben Sie das Servieren von Kaffeegetränken, Erfrischungsgetränken in der Flasche und von Wein in der Karaffe.

1 Beschreiben Sie, was Sie beim Herrichten der Gläser und Tassen beachten.

Kontrolle der Gläser und Tassen vor dem Füllen bzw. Servieren, damit Gäste nicht verärgert werden:

Gläser, Tassen und Kännchen für warme Getränke:

Vermeiden von unhygienischem Anfassen der Gläser und Tassen, auch beim Abservieren:

Wie kann der Gast die angegebene Menge eines Getränks im Glas kontrollieren?

2 Nennen Sie die Getränke, zu denen die angegebenen Servier- und Trinktemperaturen passen.

1–3 °C:

5–8 °C:

7–9 °C:

7–10 °C:

10–13 °C:

15–18 °C:

16–20 °C:

3 Erklären Sie

- das fachgerechte Tragen von Getränken zum Gast.
- das Einsetzen der Getränke beim Gast.
- das Abstellen einer Flasche auf dem Tisch des Gasts.

4 Geben Sie an, wie Sie eine Tasse Kaffee- oder Teegetränk bzw. heiße Schokolade servieren.

Platzieren der Tasse:

Richtung des Henkels:

Lage des kleinen Löffels:

Name:	Klasse:	Datum:

Servieren von Speisen

LF 5

In Ihrer Ausbildung helfen Sie auch im Café mit. Eine Kollegin zeigt Ihnen das Servieren von Speisen. Sie üben das Servieren eines Tortenstücks mit einem Kaffeegetränk und das Eindecken eines Frühstücksgedecks sowie eines Grundgedecks für Speisen.

1 Beschreiben Sie anhand der Abbildung, wie ein Stück Torte oder ein anderes Gebäckstück auf einem Teller serviert wird.

Platzierung des Tellers auf dem Tisch des Gasts:

Platzierung der Kaffeetasse auf dem Tisch:

Stellung eines Tortenstücks auf dem Teller:

Kuchengabel:

2 Zählen Sie auf, welche Bestandteile zu einem erweiterten Frühstück wie in der Zeichnung gehören.

1 ____ 2 ____

3 ____ 4 ____

5 ____

6 ____

7 ____

8 ____

9 ____

10 ____

11 ____

12 ____

13 ____ und ____

14 ____

3 Beschreiben Sie, wie ein Gedeck für ein Menü mit Suppe, Dessert und Getränk auf dem Tisch des Gasts platziert wird.

Messer:

Schneideseite des Messers:

Löffel:

Gabel:

Dessertlöffel:

Getränk:

Serviette:

Reihenfolge, wenn mehrere Bestecke auf einer Seite liegen:

Vorgänge beim Backen (Backprozess): Ofentrieb, Krumenbildung

Beim Einschieben der Teiglinge für Hefeteiggebäcke in den Ofen beobachten Sie, wie die Teiglinge gleich zu Beginn des Backens größer werden und bald das endgültige Gebäckvolumen erreichen. Bei zunehmender Backzeit werden die Gebäcke stabiler. Sie informieren sich über die Vorgänge beim Backen.

1 Hefeteiglinge werden bei 190 bis 210 °C gebacken. Sofort beim Backbeginn erhöht sich die Temperatur in den Teiglingen bei zunehmender Backzeit. Beschreiben Sie die Vorgänge in den Hefeteiglingen in der ersten Backphase.

Gärraumtemperatur beim Gären der Teiglinge:

Temperatur in den Hefeteiglingen beim Einschieben in den Ofen: ca.

- 30 bis 45 °C in den Hefeteiglingen kurze Zeit zu Beginn des Backens:

  Folge auf die Teiglinge:

- Temperatur in den Hefeteiglingen bis 60 °C:

  Physikalische Auswirkung auf die Gärgase:

  Folge für die Teiglinge:

- Temperatur in den Teiglingen bei 55 bis 60 °C:

  Verhalten der Hefe:

  Folge für
  - die Lockerung:
  - das Gebäckvolumen:

Fachausdruck dieser ersten Backphase bis 60 °C:

2 Bei 55 bis 90 °C werden aus den Teiglingen gut verdauliche Gebäcke. Beschreiben Sie die Veränderungen von Eiweiß und Stärke in dieser Backphase.

Veränderung von Eiweiß bei 55 bis 70 °C:

Dabei gibt das Eiweiß

Veränderung von Stärke bei 60 bis 90 °C:

Fachausdruck dieser Backphase:

Name:	Klasse:	Datum:

Vorgänge beim Backen (Backprozess): Krustenbildung

Nachdem Sie das Backen von Hefeteiggebäcken kennen, diskutieren Sie mit Ihren Kolleginnen und Kollegen über den Ofentrieb und die Krumenbildung bei lockeren Massen. Sie fragen auch Ihren Ausbilder, warum sich schon bald nach dem Ofentrieb die Kruste auf den Backwaren braun färbt und sich die Farbe zunehmend verstärkt.

LF 6

1 Erklären Sie den Ofentrieb und die Krumenbildung bei lockeren Massen, indem Sie den Text ergänzen.

Biskuitmasse und Wiener Masse:	Sandmasse:
Das ______ der Eier hält die beim Aufschlagen eingeschlagene ______ zu unzähligen ______ fest.	Durch die ______ im Ofen bildet das Backpulver ______, das zu vielen ______ festgehalten wird.

- Im Ofen, bis ca. 60 °C, ______ sich die Lockerungsgase in den Poren aus. Die vergrößerten Poren ergeben eine verstärkte ______ und ein größeres ______.
- Bei 60 bis 70 °C ______ das Eiweiß und die Stärke ______, sodass eine verdauliche Krume entsteht.

2 Erklären Sie die Veränderungen auf den Oberflächen der Teiglinge und Massen bei zunehmender Temperatur im Ofen. Ergänzen Sie den Text.

- Veränderung der Oberfläche bei 100 bis 120 °C:
  Wasser ______, die Oberfläche wird ______ und ______.
- Veränderung bei 120 bis 140 °C:
  Aus der weißen Stärke des Mehls entstehen ______
- Veränderung bei 150 bis 180 °C:
  Aus dem weißen Zucker entsteht ______

- Veränderung bei 150 bis 180 °C:
  Aus der Verbindung von Eiweiß und Zucker entstehen ______

Der Backprozess ist bei 180 °C abgeschlossen, weil bei ca. 200 °C Karamell und Röstbitterstoffe die Gebäckkruste negativ verändern. Beschreiben Sie dies.

______

3 Nennen Sie drei Abschnitte des Backprozesses in den angegebenen Temperaturbereichen und erläutern Sie die Veränderungen in den Backwaren und auf der Kruste.

30 bis 60 °C ______	60 bis ca. 90 °C ______	100 bis 180 °C ______
• ______ • ______	Aus weichen Teiglingen und Massen entstehen ______	Es entsteht eine ______

Gebäcke aus Teigen und Massen

Die neue Fachverkäuferin hat im Verkaufsraum Ihrer Konditorei verschiedenste Erzeugnisse aus Feinen Backwaren ausgestellt. Die Verkäuferin bittet Sie, die einzelnen Waren zu benennen, da sie die Bezeichnungen auf die Preisschilder schreiben möchte. Damit sie im Kundengespräch sicher ist, möchte sie noch wissen, ob Erzeugnisse aus Teige oder Massen hergestellt werden.

Benennen Sie die abgebildeten Erzeugnisse und tragen Sie darunter ein, aus welchem Teig bzw. welcher Masse die Waren hergestellt werden.

Bezeichnung			
Teig- oder Massenart			

Bezeichnung			
Teig- oder Massenart			

Bezeichnung			
Teig- oder Massenart			

Bezeichnung			
Teig- oder Massenart			

Bezeichnung			
Teig- oder Massenart			

Name:	Klasse:	Datum:

Unterschiede: Teige und Massen

Der neuen Auszubildenden fällt auf, dass die meisten Kunden und Kundinnen von Gebäcken aus Biskuitteig oder Brandteig sprechen. Da sie in der Berufsschule gelernt hat, dass diese Gebäcke aus Massen hergestellt werden, fragt die Auszubildende Sie, ob und wie sich Teige und Massen voneinander unterscheiden.

1 Nennen Sie Teige und Massen für Feine Backwaren.

Teige	Massen	
• ________	• ________	• ________
• ________	• ________	• ________
• ________	• ________	• ________
• ________	• ________	• ________
• ________	• ________	• ________

2 Beschreiben Sie die hauptsächlichen Unterscheidungsmerkmale der Teige und Massen.

Teige	Massen
Hauptrohstoffe, die mengenmäßig am meisten enthalten sind	
Hauptrohstoff: ________ Weitere Rohstoffe, damit ein Teig entsteht: • Hefeteige: ________ • Blätterteige: ________ • Mürbeteige: ________ • Lebkuchenteige: ________ 	Hauptrohstoffe: • ________ oder ________ • ________ 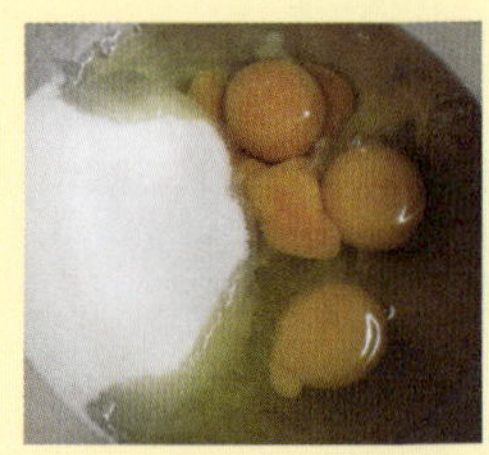
Überwiegende Verarbeitung der Zutaten bei der Herstellung	
• ________ 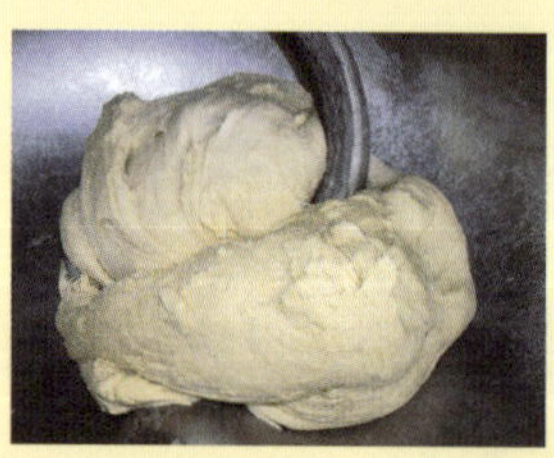	• ________ ________ ________ • Zutaten, z. B. Brandmasse, ________ 
Beschaffenheit (Konsistenz) und Verarbeitungsmöglichkeiten	
________ ________ ________ ________ ________ 	• ________ ________ ________ • ________ ________ ________ 
Lockerungsmittel	
Hefeteig: ________ Blätterteig: ________ Lebkuchenteig: ________ ________ ________	Massen mit aufgeschlagenen Eiern und Eiklar: ________ fettreiche Sandmassen für Kuchen: ________ Brandmasse: ________

Baisermasse: Grundrezept, Aufschlagen

Sie sollen eine Baisermasse herstellen und wiegen dafür die Zutaten ab. Erklären Sie dem neuen Auszubildenden die Vorgänge beim Aufschlagen eines Eischnees.

1 Erstellen Sie das Rezept mit den Zutaten einer Baisermasse.

1 000 g ______

______ bis ______ g ______

ca. 2 g (1 Prise) ______

2 Erläutern Sie die Vorgänge beim Aufschlagen von Eischnee. Bilden Sie mithilfe folgender Wörter die Antwortsätze.

einschlagen – Eischnee – Eiweiß – locker – Luft – Luftbläschen – standhaft

- Schnelle Umdrehungen des feindrahtigen Rührbesens beim Aufschlagen:
- Funktion des elastischen Eiweißes im Eiklar:
- Auswirkung auf den Eischnee:

3 Erklären Sie die technologischen Eigenschaften von Zucker und Salz beim Aufschlagen von Eischnee. Ergänzen Sie die Sätze mit den angegebenen Wörtern.

behindert – Eiklar – Eischnee – elastischer – feinporiger – festhalten – gelockerter – lösen – Luft – Luftaufnahme – Puderzucker – Wassers – weicher

- Warum wird Eiklar grundsätzlich mit Zucker aufgeschlagen und der Zucker sofort zu Anfang in das Eiklar gegeben?

  Zucker bindet einen Teil des ______ vom ______, sodass ein ______ und glatter ______ entsteht.

- Warum wird Eiklar grundsätzlich mit Salz aufgeschlagen, obwohl es geschmacklich keine Bedeutung hat?

  Salz macht das Eiweiß ______, sodass es besser die eingeschlagene ______ ______ kann.

- Warum wird nicht die gesamte Zuckermenge der Baisermasse mit dem Eiklar zu Eischnee aufgeschlagen?

  In 100 g Eiklar können sich bis zu ca. 130 g Zucker ______. Ungelöster Zucker bei einer zu hohen Zuckermenge im Eiklar ______ beim Aufschlagen die ______. Es entsteht ein ______ und ungenügend ______ Eischnee ohne Stand. Deshalb wird der restliche Zucker als ______ in den Eischnee meliert.

Name:	Klasse:	Datum:

Baisermasse: getrocknete Erzeugnisse

Sie werden in Ihrer Konditorei beauftragt, eine kalte Baisermasse aufzuschlagen. Daraus sollen Sie verschiedene getrocknete Baisererzeugnisse herstellen.

LF 6

1 Kreuzen Sie den Rührbesen zum Aufschlagen von Eischnee an und ergänzen Sie die Angaben.

Bezeichnung des Rührbesens: ______

Einstellung der Umdrehungszahl an der Rührmaschine: ______

Begründung: ______

2 Beschreiben Sie die Herstellung einer kalt aufgeschlagenen Baisermasse.

1 000 g ______

1 000 g ______

ca. 2 g (1 Prise) ______

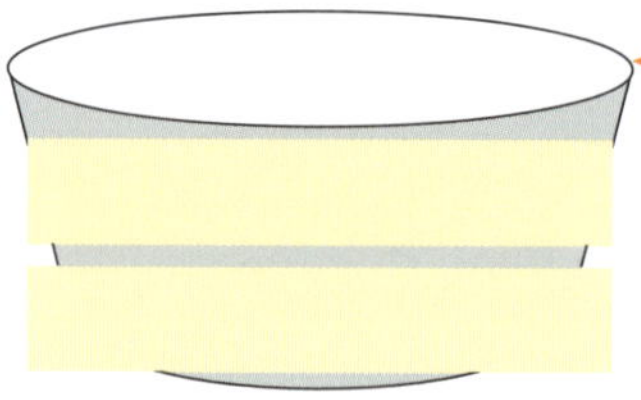

1 000 g ______

3 Nennen Sie die Zutaten, die zur geschmacklichen Veränderung für bestimmte Baisererzeugnisse in die fertige Baisermasse gegeben werden.

- für Schokoladenbaiser: ______
- für Mokkabaiser: ______
- für eine Japonais-Masse (sprich: Schaponee): ______

4 Für welche Gebäcke wird Baisermasse als Füllung verwendet?

Gebäckbezeichnung: ______

Die äußere Rolle besteht aus ______,

gefüllt mit ______.

5 Benennen Sie die abgebildeten getrockneten Baisererzeugnisse.

- ______
- ______
- ______
- ______

6 Beschreiben Sie das Trocknen der aufdressierten Baisererzeugnisse.

- Im Ofen bei ca. ______ °C und ______ Zug. Dauer: ca. ______.

Häufigste Trocknung, damit der Ofen nicht blockiert wird und Energie eingespart werden kann:

- Zum Ende der Produktionszeit den Ofen ______. Die Baisererzeugnisse im abgekühlten Ofen bei ca. ______ °C und ______ Zug ______ bei sinkender Temperatur trocknen lassen.

Baisermasse: abgeflämmte Erzeugnisse

Sie sollen Sauerkirschbaisertorten und Johannisbeerbaiserschnitten herstellen. Dafür benötigen Sie eine besonders glatte Baisermasse. Sie stellen eine italienische und eine warme Baisermasse her. Diskutieren Sie im Betrieb, welche Herstellungsmethode von der Arbeitsweise und vom Ergebnis für Ihre Konditorei am besten geeignet ist.

1 Beschreiben Sie die Herstellung einer warm aufgeschlagenen Baisermasse mit 1 000 g Eiklar, 1 500 g Zucker und 1 Prise Salz.

-
-

Grund des Erhitzens:

2 Beschreiben Sie die Herstellung einer italienischen Baisermasse mit folgendem Rezeptbeispiel.

-
-

3 Erklären Sie die Herstellung von Obstbaisertorten und Obstbaiserschnitten.

dünne Unterlage:

Hauptgebäck:

Obstbelag:

Oberfläche einstreichen und ausgarnieren:

Oberfläche der Baisermasse:

Es werden gebundene Früchte auf den Tortenboden gegeben. Ergänzen Sie den Text dazu.

Den ____ der Früchte mit Stärke ____ und die ____ einrühren.

4 Erläutern Sie das Abflämmen der Obstbaisererzeugnisse.

____.

Die Baisermasse bleibt innen ____.

Das Abflämmen kann erfolgen:

- ____ oder:
-

Name:	Klasse:	Datum:

Lebkuchenmasse – Oblatenlebkuchen

In der Weihnachtszeit sollen Sie in Ihrer Konditorei die Zutaten für eine Lebkuchenmasse herrichten und abwiegen. Sie stellen verschiedene Oblatenlebkuchen her und überziehen bzw. glasieren diese.

1 Benennen Sie die hochwertigsten Oblatenlebkuchen aus Lebkuchenmasse und geben Sie die Bestimmungen der Leitsätze dazu an.

Bezeichnung	______	______
Bestimmungen der Leitsätze	Sie enthalten mindestens ______ % ______ und/oder ______.	Sie enthalten mindestens ______ % ______.
Überzug	______	______
Glasur	______	

Welche Schalenfrüchte dürfen nach den Bestimmungen der Leitsätze unter dem Begriff „Nüsse" nur verwendet werden? ______

2 Warum werden Lebkuchen aus Lebkuchenmasse als Oblatenlebkuchen bezeichnet?

______

Erklären Sie Oblaten.

- Zutaten der Masse für Oblaten: ______ und ______
- Herstellung: Die flüssige Masse wird zu ______.
- Eigenschaft der Oblaten unter der weichen Lebkuchenmasse: ______
- Vorteil der Oblaten für die Lebkuchen bei der Lagerung: ______

3 Unterstreichen oder markieren Sie die Zutaten einer Lebkuchenmasse.

Eigelb, Eiklar, Butter, Zucker, Honig, Milch, Wasser, Mandeln, Nüsse, Kokosflocken, Erdnüsse, Lebkuchengewürze, Rum, Sahne, Weizenmehl, Backpulver, Hirschhornsalz, Belegkirschen, Zitronat, Orangeat

4 Elisenlebkuchen können mit Fadenzuckerglasur glasiert werden. Füllen Sie die Lücken im Text.

- Zutaten: 500 g ______ und 200 g ______
- Herstellung: Zutaten auf 107 bis 109 °C zum ______
- Verarbeitung: Fadenzuckerglasur mit einem Pinsel auf die ______, bis der Fadenzucker ______, d. h., er wird leicht ______.

Biskuitmasse: Herstellung

Sie werden beauftragt, der neuen Kollegin das Aufschlagen einer Biskuitmasse zu zeigen und die einzelnen Herstellungsschritte fachlich zu erklären.

1 Nennen Sie Gebäcke aus Biskuitmasse.

- für Torten:
- für Rouladen und Desserts:
- Gebäcke ohne Füllung:
- Gebäcke mit Schlagsahne gefüllt:

2 Geben Sie die Zutaten für das Rezeptbeispiel für Biskuitmasse an.

1 000 g		Geschmacksgebende Stoffe:
500 g		• , ca. 2 g
250 g		• , ca. 5 g
250 g		• , ca. 5 g

3 Beschreiben Sie die gebräuchlichste Herstellung der Biskuitmasse als Zweikesselmasse.

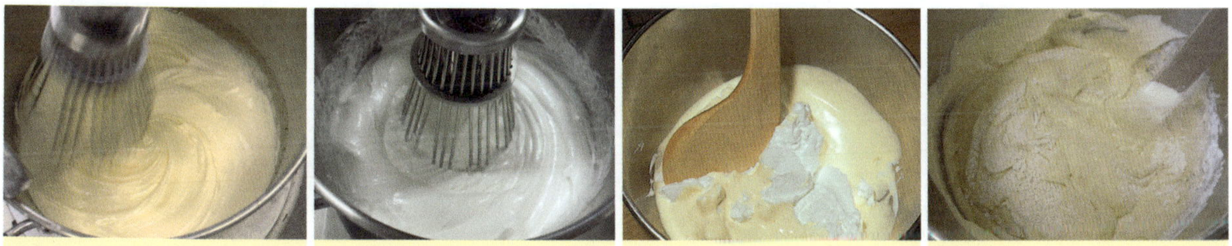

4 Erläutern Sie den Begriff „Melieren".

5 Nennen Sie die Erkennungsmerkmale,

wenn Eigelb schaumig geschlagen ist.

Farbe:

Konsistenz:

sichtbar im aufgeschlagenen Eigelb:

wenn Eischnee richtig aufgeschlagen ist.

Aussehen:

Konsistenz:

sichtbar beim Herausnehmen des Rührbesens:

Name: Klasse: Datum:

Biskuitgebäcke: Löffelbiskuits

Sie sollen eine Biskuitmasse für Löffelbiskuits herstellen und die Gebäcke in Folienbeuteln verpacken. Den Fachverkäuferinnen erklären Sie die Verkaufsargumente für die Kundenberatung.

LF 6

1 Beschreiben Sie die Fertigstellung der Biskuitmasse zu Löffelbiskuits.

- Aufdressieren:
- Oberfläche der Löffelbiskuits:
- Backen:
- Backdauer, damit die lockeren, weichen Löffelbiskuits beim Abkühlen nicht zusammenfallen:

2 Nennen Sie die Verkaufsargumente für Löffelbiskuits.

Besonderheit der Biskuitmasse:

Auswirkung auf die Gebäckeigenschaft:

typische Gebäckoberfläche:

Auswirkung auf die Gebäcke:

Lockerung der Gebäcke:

Wie lange sind Löffelbiskuits frisch?

3 Kreuzen Sie die Ursachen folgender Fehler der Biskuitgebäcke an.

Biskuitgebäcke haben ein geringes Volumen und sind etwas breitgelaufen.

- [ ] Eischnee wurde entweder zu kurz oder zu lange aufgeschlagen.
- [ ] Eigelb wurde mit zu viel Zucker schaumig geschlagen und wurde somit nicht stabil.
- [ ] Eigelb wurde nicht ausreichend schaumig geschlagen, sodass es beim Melieren mit Eischnee noch zu flüssig war.

Biskuitgebäcke fallen nach dem Backen leicht ein und haben eine runzelige Gebäckoberfläche.

- [ ] Bei zu niedriger Backtemperatur war die Backzeit zu lange.
- [ ] Die Gebäcke wurden zu kurz gebacken, sodass das Gebäckgerüst noch zu weich war.
- [ ] Die Gebäcke sind nach dem Backen nicht sofort vom Blech genommen worden.

4 Geben Sie allgemein die Gebäckeigenschaften der Biskuitgebäcke an. Ergänzen Sie die Sätze.

In die Biskuitmasse wird kein ________ gegeben. Deshalb sind die Gebäcke für den Körper ________. Biskuitgebäcke sind jedoch etwas ________.

Durch die eingeschlagene ________ sind Biskuitgebäcke besonders ________ Gebäcke.

Wiener Masse: Rezeptur, Aufschlagen

Für eine Hochzeitsfeier wurden verschiedene Torten bestellt. Die Tortenböden dafür sollen Sie aus Wiener Masse herstellen. Sie wiegen die Zutaten ab und schlagen die Wiener Masse auf.

1 Die Wiener Masse ist ähnlich der Biskuitmasse. Tragen Sie die Zutaten bei der Rezeptur für einen Tortenboden mit 26 oder 28 cm Durchmesser ein.

350 g ______________________

200 g ______________________

120 g ______________________

100 g ______________________

100 g __________ oder __________

______________________ (ca. 2 g)

______________________ (ca. 4 g)

______________________ (ca. 4 g)

______ g Wiener Masse

Rezeptänderung für Schokoladenböden: statt 100 g Weizenpuder	Rezeptänderung für Nuss- und Mandelböden: statt 100 g Weizenpuder
70 g ______________ und	50 g ______________ und
30 g ______________	100 g ______________

2 Unterscheiden Sie die Tortenböden aus Biskuitmasse und Wiener Masse.

Unterschiede in	Biskuitböden	Wiener Böden
Rezeptur		
Gebäckeigenschaft der Tortenböden	• •	• •

3 Beschreiben Sie die klassische Herstellung einer Wiener Masse durch Warm- und Kaltaufschlagen.

-
-
-
-

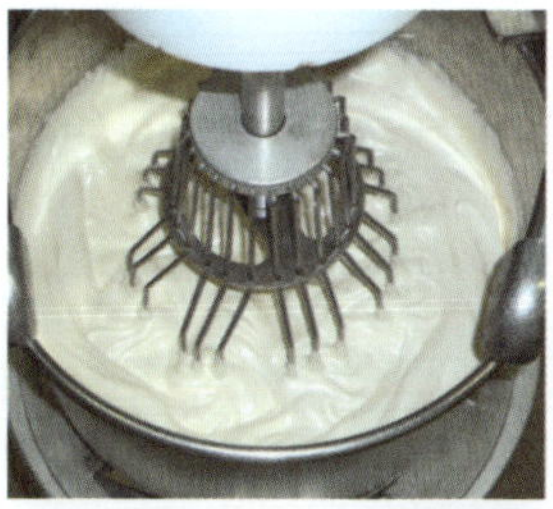

Name: | Klasse: | Datum:

Wiener Masse: Zweikesselmasse

Für die Hochzeitsfeier sind auch eine Prinzregententorte und eine Herrentorte bestellt worden. Dafür stellen Sie einzeln gebackene Wiener Böden als Zweikesselmasse her. Außerdem sollen Sie für Sahnerouladen Kapseln aus Wiener Masse herstellen.

LF 6

1 Erklären Sie das Backen der Wiener Masse für Tortenböden und Kapseln.

Tortenböden

Backtemperatur:

Backzeit:

Kapseln

Backtemperatur:

Backzeit:

Wiener Böden sofort nach dem Backen ______________________.

Die Tortenböden bekommen dadurch eine ______________________.

2 Beschreiben Sie die Herstellung einer Wiener Masse als Zweikesselmasse, ähnlich der Biskuitmasse, für die einzeln gebackenen Wiener Böden. Tragen Sie die Zutaten ein und beschreiben Sie darunter die Herstellungsschritte. 1 Eigelb wird mit 20 g und 1 Eiklar mit 30 g berechnet.

Rezept: 400 g Eier (8 Stück), 180 g Zucker, 100 g Weizenmehl, 100 g Weizenpuder, 100 g Butter, 1 Prise Salz (ca. 2 g), natürliches Zitronen- und Vanillearoma

1. Kessel	2. Kessel	Zugabe der restlichen Zutaten	
↓	↓	↓	↓

3 Beschreiben Sie die Gebäckeigenschaften der einzeln gebackenen Wiener Böden.

Es sind ______________ und ______________ Tortenböden,

die an der Oberfläche leicht ______________ sind.

4 Die Sachermasse für Sacherböden ist eine spezielle Wiener Masse. Geben Sie die Bestimmungen der Leitsätze dafür an. Die Sachermasse enthält auf 100 Teile Weizenmehl und Weizenpuder

- mindestens 100 Teile ______________ (oder entsprechende Menge Kakaopulver, das sind ca. 60 g)
- mindestens 100 Teile ______________ (Margarine ist nicht erlaubt)
- mindestens 200 Teile ______________

Erklärung der Sacherböden bei der Kundenberatung: Es sind besonders ______________ Wiener Böden, bei denen nur ______________ als Fett verwendet werden darf.

Sandmasse: Gebäcke, Herstellung

Die Kuchen Ihrer Konditorei sind wegen ihrer besonders guten Qualität bekannt. Ihr neuer Kollege kennt nur die schnelle Herstellungsmethode dieser Kuchen mit Convenience-Produkten. Deshalb zeigen Sie ihm die Herstellung der Kuchen aus Sandmasse als Einkesselmasse und als Zweikesselmasse.

1 Nennen Sie Beispiele für Gebäcke, die aus Sandmasse hergestellt werden

in Kuchenformen:

auf Blechen:

in kleinen Formen mit Papiermanschette:

2 Sandmasse wird mit denselben Zutaten wie die Wiener Masse hergestellt. Tragen Sie die Grundrezeptur und die Zutaten einer Sandmasse ein. Der Begriff „Gleichschwermasse" bezieht sich auf die Hauptzutaten, die in gleicher Menge verarbeitet werden. Das Verhältnis von Weizenmehl und Weizenpuder ist wie bei der Biskuitmasse. Beschreiben Sie die gebräuchlichste Herstellung der Sandmasse als Einkesselmasse.

Rezeptur	Zutaten	Herstellung
1000 g		•
		•
		•
• 30 g (Lockerungsmittel)	•	
• ca. 2 g	•	•
• ca. 6 g	•	
• ca. 6 g	•	

3 Erklären Sie die Grundregeln bei der Herstellung der Sandmasse.
Kreuzen Sie an, welcher Rührbesen zum Rühren des Fetts verwendet wird.

Benennen Sie den Rührbesen:

Welche Temperatur sollte das Fett bei der Verarbeitung haben?

Butter: Backmargarine:

Zu weiches Fett ergibt beim Aufschlagen eine zu

Was muss beim Aufschlagen von Butter oder Margarine beachtet werden?

Begründen Sie durch Ausfüllen der Textlücken, warum die Sandmasse nicht zu schaumig geschlagen werden darf.

Die können beim Backen nur noch schlecht

werden. Entstehende Gebäckfehler sind: Die Kuchen

oder

Name:	Klasse:	Datum:

Sandmasse: Zweikesselmasse, Marmorkuchen

Sie sollen Marmorkuchen als Zweikesselmasse herstellen. Beim Erstellen der Rezeptur beachten Sie, dass die Mindestanforderungen der Leitsätze eingehalten werden.

LF 6

1 Geben Sie die Bestimmungen der Leitsätze für Sandmasse an, die auch für Sandkuchen gelten.

Die gesamte Sandmasse enthält

- ______________________________ und
- ______________________________

2 Tragen Sie die Zutaten einer Sandmasse als Zweikesselmasse bei den Gewichtsangaben der Rezeptur ein und beschreiben Sie darunter die Herstellungsschritte.

1. Kessel	2. Kessel	Mehlgemisch/Lockerung
1000 g ____________	600 g ____________	500 g ____________
400 g ____________	600 g ____________	500 g ____________
400 g ____________	ca. 2 g ____________ (1 Prise)	20 g ____________
ca. 6 g ____________		
ca. 6 g ____________		
↓ ____________	↓ ____________	↓ ____________
____________ ↓	____________ ↓	____________
____________	____________	
____________		↓

3 Nennen Sie die Bestimmungen der Leitsätze für Marmorkuchen, indem Sie den Text ergänzen.

- Marmorkuchen wird hergestellt aus ______________________.
- Die Sandmasse wird zu ______________________

______________________ zu einer Schokoladenmasse verrührt.

4 Erklären Sie, wie aus der beschriebenen Sandmasse eine Masse für Marmorkuchen hergestellt wird. Ergänzen Sie die Sätze.

- 70 g ______________________ mit ca. 100 g ______________________ anrühren und
- mit ______________________ zu einer ______________________ verrühren.

Wie wird die Masse in die gefetteten Formen gefüllt?

- Zuerst die ______________________ und dann die

______________________ in die Formen einfüllen.

- Eine Gabel in der Masse spiralförmig ______________________,

damit eine ______________________ entsteht.

Sandmasse: Backen, Gebäckfehler

Sie sind in Ihrer Konditorei für das Backen der Kuchen aus Sandmasse zuständig. Beachten Sie auch die besondere Backweise der Sandkuchen in Kastenformen, die einen schönen Ausbund bekommen sollen. Die fertig gebackenen Kuchen kontrollieren Sie auf Gebäckfehler und beheben mögliche Ursachen sofort.

LF 6

1 Beschreiben Sie das Backen der Sandmassegebäcke.

Backtemperatur der Kuchen und Blechkuchen: ____________ Zug: ____________

Backzeit der Kuchen: ____________ der Blechkuchen: ____________

Je größer und höher die Kuchen, desto ____________

____

2 Erklären Sie die besondere Backweise der Kuchen in Kastenformen, die einen schönen Ausbund bekommen sollen.

Anbackphase →	Ausbacken nach dem Einschneiden
Backtemperatur: ____________	Backtemperatur: ____________
Zug: ____________	Zug: ____________
Backdauer: ____________	Backdauer: ca. ____________
Aussehen der Kuchen nach der Anbackphase: ____________	Die fertig gebackenen Kuchen stabilisieren: ____________
Bearbeitung: ____________	Zum Ausdampfen der Kuchen: ____________

3 Nennen Sie die hauptsächlichen Gebäckfehler bzw. Ursachen bei Kuchen aus Sandmasse.

Gebäckfehler	Ursachen
• ____________ • ____________	• Sandmasse zu wenig schaumig geschlagen • zu wenig Backpulver in der Sandmasse
• zusammengefallene Kuchen • speckige Kuchen • Wasserstreifen im unteren Drittel der Kuchen	• ____________ • ____________
• Oberfläche der Kuchen: ____________ • Kuchen mit Ausbund: ____________	• Es wurde zu warmes und somit zu weiches Fett verarbeitet, sodass die Sandmasse beim Rühren zu schaumig wurde. • Die Sandmasse wurde zu schaumig geschlagen.

Name:	Klasse:	Datum:

Baumkuchenmasse

Die neue Auszubildende hat gehört, dass der Baumkuchen der König der Kuchen ist, und fragt, ob er deshalb auf der Umschlagseite des Berichtshefts für Konditoren steht. Sie kann sich auch nicht vorstellen, wie der Baumkuchen bei der Herstellung diese Form erhält. Geben Sie Auskunft.

LF 6

1 Kreuzen Sie an, welche Bedeutung der Baumkuchen hat.

- ☐ Er ist das Symbol der backenden Handwerksberufe.
- ☐ Er ist die hohe Auszeichnung für den Schutzpatron der Konditorei.
- ☐ Er ist das Zeichen stellvertretend für alle Kuchen und Torten.
- ☐ Er ist das Symbol der Konditorei.

2 Die Baumkuchenmasse ist eine besondere Sandmasse, deren Zutaten und Mindestanteile in den Bestimmungen der Leitsätze für Baumkuchenmasse beschrieben sind. Benennen Sie die Zutaten und deren Mindestanteile ausgehend von 1 kg Weizenmehl und Weizenpuder.

- 1 kg Weizenmehl und Weizenpuder (1:1)
- ____ kg ____________ • ____ kg ____________
- Zutat zur Qualitätsverbesserung: ____________
- Nicht verwendet werden darf das Lockerungsmittel ____________.
- Die fertig gebackenen Baumkuchen werden entweder überzogen oder glasiert:

  Überzug: ____________ (Fettglasur ist nicht erlaubt.)

  Glasuren: ____________

3 Geben Sie die richtige Reihenfolge der Herstellungsschritte von Baumkuchen an, indem Sie die Zahlen 1 bis 6 eintragen.

- ☐ Die Masse Schicht für Schicht auf die Walze auftragen und backen.
- ☐ Eine Walze mit Alufolie umwickeln.
- ☐ Die letzten Schichten der Masse mit den Zähnen eines Rechens abschaben.
- ☐ Auf die mit Alufolie umwickelte Walze eine Schicht der Masse auftragen.
- ☐ Den Vorgang einige Male wiederholen. Durch das Abschaben der Masse mit dem Rechen entstehen die wellenförmigen Ringe am Baumkuchen.
- ☐ Die dünne Massenschicht durch drehen der Walze vor den Heizschlangen hellbraun backen.

4 Benennen Sie die Baumkuchenerzeugnisse in folgenden Abbildungen:

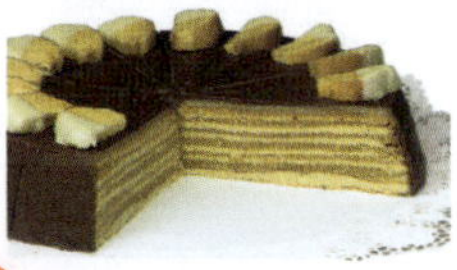

- ____________
- ____________
- ____________
- ____________
- ____________

Brandmasse: Rezeptur, Herstellung

Ein neuer Kollege möchte von Ihnen wissen, aus welchen Zutaten Brandmasse hergestellt wird, da er bisher nur mit Convenience-Produkten gearbeitet hat. Sie geben ihm ein Rezept, damit er die Zutaten abwiegen kann, und Sie stellen mit ihm gemeinsam die Brandmasse her.

LF 6

1 Geben Sie die Rezeptur der wasserreichen Brandmasse an und beschreiben Sie das Backen der Gebäcke.

Anteile	Rezeptur	Backen
4 Teile	200 g ______ 200 g ______	Die Brandmassestücke sofort nach dem Aufdressieren in den Ofen schieben. Backtemperatur: ______ Schwadentechnik: ______
2,5 Teile	___ g ______	
2 Teile	___ g ______	Nach der Volumenentwicklung (endgültige Gebäckgröße), nach ca. zwei Drittel der Backzeit: ______
1 Teil	___ g ______	Backzeit: ______
	ca. 10 g ______	Warum werden Brandmassegebäcke kräftig ausgebacken? ______
	ca. 2 g ______ Aromen: ______	______

2 Beschreiben Sie anhand der Abbildungen die einzelnen Schritte der Herstellung von Brandmasse.

1 ______

2 ______

3 ______

Die Masse auf ca. 40 °C abkühlen lassen und Aromen zugeben.

4 ______

3 Was geschieht beim Abrösten bei 60 bis 90 °C mit dem Mehl und dem hohen Wasseranteil?

______

Warum werden Milch und Wasser zu gleichen Teilen zugegeben?

Milchzucker ______.

Wird nur Milch verwendet, wird wegen des Milchfetts die Gebäckkruste ______.

Name:	Klasse:	Datum:

Brandmasse: Gebäcke, Lockerung

Bei einem Kundengespräch empfehlen Sie verschiedene Brandmassegebäcke und erklären diese. Eine Kundin möchte wissen, wie die typische, starke Lockerung in den Brandmassegebäcken zustande kommt.

1 Benennen Sie die Brandmassegebäcke der folgenden Abbildungen und beschreiben Sie, womit sie gefüllt und die Deckel bzw. Oberflächen bestaubt oder überzogen werden.

Gebäcke			
gefüllt mit	______ auch mit ______	• ______ • ______	• ______ • ______
Oberfläche			

Gebäcke			
gefüllt mit			
Oberfläche			

2 Geben Sie die Qualitätsmerkmale der Brandmassegebäcke an.

Gebäckkruste: ______

Gebäckinneres: ______

______

3 Erklären Sie die Lockerung der Brandmassegebäcke beim Backen, indem Sie den Text ergänzen.

- Der hohe Wasseranteil der Brandmasse ______ durch die Backhitze.
- Der Wasserdampf ______ sich stark aus, sodass große ______ entstehen.
- Dadurch ergibt sich ein großes ______.

Die Lockerung der Brandmassegebäcke erfolgt also durch ______, eine ______ Lockerungsart.

Makronenmasse

Sie sollen die Zutaten für eine Makronenmasse herrichten. Stellen Sie eine Makronenmasse her, dressieren Sie diese auf und backen Sie die Makronengebäcke.

LF 6

1 Nennen Sie die drei Grundzutaten der Makronenmassen.

- Schalenfrüchte für die abgebildeten Makronen:
  - ______ oder ______
  - ______
  - ______
- beeinflusst den Geschmack: ______
- Flüssigkeit: ______

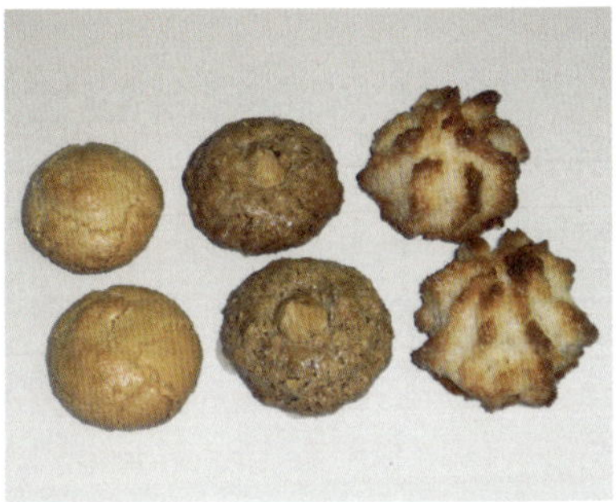

2 Beschreiben Sie die Herstellung einer Mandelmakronenmasse. Ergänzen Sie die Zutaten im Rezept.

Rezeptur: Mandelmakronenmasse	Herstellung
1 000 g ______ 700 g ______ 300 g ______ ca. 2 g ______ (1 Prise) Aroma: ______	• ______ Dabei schmilzt der Zucker etwas, sodass mit Eiklar eine leichte Bindung der Masse entsteht. • ______

Backtemperatur aller Makronengebäcke: ______

Damit die Makronengebäcke beim Backen nicht breit laufen: ______

3 Warum darf Marzipanrohmasse für Mandelmakronen verwendet werden?

______

Berechnen Sie jeweils den prozentualen Anteil von Mandeln, Zucker und Eiklar in der Mandelmakronenmasse. Runden Sie bei der Ermittlung des Mandelanteils auf 10 g.

Marzipanrohmasse: ______ Zucker: ______ Eiklar: ______

4 Geben Sie die Gebäcknamen der Makronen von links nach rechts an.

- ______
- ______
- ______

Worauf werden diese Makronenmassen dressiert? ______

5 Geben Sie die Bestimmungen der Leitsätze für Makronengebäcke an.

- Die alleinige Bezeichnung „Makronen" ist nur erlaubt bei ______.
- Was müssen alle anderen Makronengebäcke im Gebäcknamen enthalten?

______, z. B. ______

Name:	Klasse:	Datum:

Makronengebäcke

Damit die Fachverkäuferinnen Ihrer Konditorei die verschiedenen Makronengebäcke bei der Kundenberatung erklären können, erstellen Sie Merkblätter mit Informationen über die Makronengebäcke.

LF 6

1 Benennen Sie die Makronengebäcke und erklären Sie die Zutaten der Gebäcke.

Gebäckname: •

Schalenfrüchte dieser Makronen: • und/oder

•

Schokoladengeschmack durch:

2 Benennen Sie die besonderen Makronengebäcke und erklären Sie deren Besonderheiten.

- Gebäckname:
- Zutaten der Makronenmasse:
  - Rohmasse:
  - statt Eiklar:
  - Damit die Gebäcke nicht so süß schmecken:

- Herstellung der Masse: Sie wird nicht abgeröstet. Die Zutaten werden
- Kreuzen Sie das richtige Backen der Eigelbmakronen an.

☐ Eigelbmakronen bei 170 bis 180 °C kräftig durchbacken.

☐ Eigelbmakronen bei 220 °C nur kurz backen, bis die Oberfläche hellbraun abgeflämmt ist.

- Den Boden der Eigelbmakronen

3 Geben Sie die Gebäcknamen unter den abgebildeten Makronengebäcken an. Erklären Sie darunter die Gebäcke.

- Gebäckboden:
- Masse obenauf:
- Füllung:

Überzug: oder

Gebäckname:

Masse:

Überzug:

Gebäckname:

Masse:

Gebäckoberfläche:

Hippenmasse

Eistüten sind Hippengebäcke, die aus wirtschaftlichen Gründen von der Backindustrie bezogen werden. Für die anderen Hippengebäcke sollen Sie ein Rezept erstellen und verschiedene Gebäcke daraus herstellen.

1 Die Hippenmasse besteht aus denselben Grundzutaten wie die Makronenmasse. Aus den Grundzutaten entsteht mit einer Flüssigkeit eine sehr weiche Masse, um dünne Gebäcke herzustellen. Eine weitere Zutat bindet das Wasser der Masse beim Backen, damit rösche Gebäcke entstehen.

Erstellen Sie ein Rezept für eine Hippenmasse.

Grundzutaten:	3 Teile	900 g		Herstellung:
	2 Teile	g		Die Zutaten zu einer
	1 Teil	g		
Flüssigkeit:	1 Teil	g	und/oder	
Zutat zum Binden:	1 Teil	g		Masse verrühren.
		ca. 2 g	(1 Prise)	
		Aromen: •		
		•		

2 Ergänzen Sie die Sätze zur Fertigstellung der Masse zu Hippengebäcken.

- Die Hippenmasse mithilfe von Schablonen .
- Die aufgestrichene Hippenmasse im Ofen bei offenem Zug .
- Die Hippengebäcke lassen sich im heißen Zustand .

3 Benennen und erklären Sie die Hippengebäcke, die sich als Kaffeegebäcke eignen.

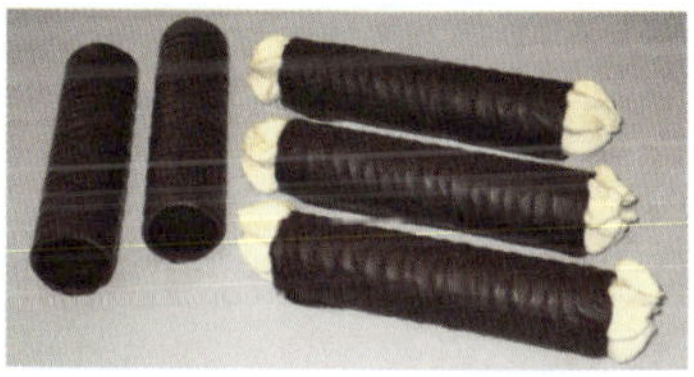

Gebäckname:

Fertigstellung der Gebäcke:

Füllung der Gebäckrollen:

4 Benennen Sie die abgebildeten Hippengebäcke.

Hauptsächlich verwendet für:
-
-

Dekor z. B. für:

Verwendet für:

5 Benennen Sie die feinen Teegebäcke aus Hippenmasse und geben Sie die Füllungen an.

Gebäckname: (sprich: Düschess) Füllung:

Name:	Klasse:	Datum:

LF 6

LF 6

Röstmasse

Im Rezeptbuch Ihres Konditoreibetriebs ist die Rezeptur für eine Röstmasse angegeben. Sie sollen die Herstellung beschreiben und für die Kundenberatung die Qualitätsmerkmale der Gebäcke aus Röstmasse hinzufügen.

1 Benennen Sie die abgebildeten Gebäcke aus Röstmasse. Geben Sie auch die Schalenfrüchte der Röstmassen sowie die Teigart der Gebäckunterlagen an.

Schalenfrüchte in der Röstmasse:

Unterlage:

Unterlage:

Erklären Sie, womit die abgebildeten Röstmassegebäcke nach den Bestimmungen der Leitsätze überzogen werden.

2 Benennen und erklären Sie das Gebäck mit einer dünnen Röstmasseschicht obenauf.

Gebäckname:

Teig des Gebäcks:

Schalenfrüchte in der Röstmasse:

3 Tragen Sie die Zutaten der Röstmasse bei den Rezepturangaben am Beispiel für Florentiner ein und beschreiben Sie die Herstellung.

süßende Zutaten:

- 200 g
- 300 g
- 100 g

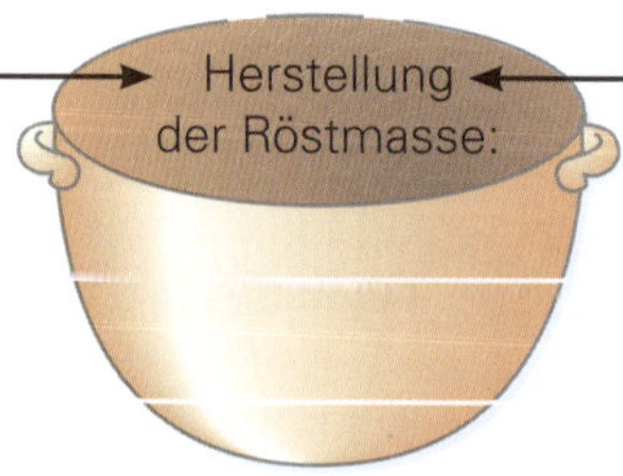

Milcherzeugnisse:

- 200 g
- 300 g

Schalenfrüchte nach dem Abrösten in die Masse rühren: • 600 g

Weitere Zutaten für Florentiner und Mandelschnitten mit den Schalenfrüchten in die Masse rühren:

-
-

4 Geben Sie die Verkaufsargumente der Röstmassegebäcke bei der Kundenberatung an.

Geschmack:

Gebäckeigenschaft der Röstmasse:

Lagerfähigkeit (Ausnahme Bienenstich):

Buttercremes

In Gruppenarbeit sollen Sie bei einer Fortbildung die drei Buttercremearten herstellen. Anschließend kosten Sie die Cremes und beschreiben deren Vorzüge. Geben Sie auch die Leitsätze für Buttercreme an.

1 Tragen Sie bei folgenden Aussagen „falsch" oder „richtig" ein, nach den Leitsätzen für Buttercreme.

- Für Buttercreme muss mindestens die Hälfte des Fettanteils Butter sein, der Rest kann Cremémargarine sein.
- Für Buttercreme muss als Fett ausschließlich Butter verwendet werden.
- Wird statt Butter Cremémargarine verwendet, wird die Creme als Fettcreme bezeichnet.
- Cremes aus Convenience-Produkten sind Fettcremes, da sie andere Fette als Butter enthalten.
- Buttercreme darf als solche bezeichnet werden, wenn die Butter geschmacklich dominiert.

2 Geben Sie jeweils die Zutaten für die drei Buttercremearten an und beschreiben Sie die Cremes.

Buttercremearten	deutsche Buttercreme	französische Buttercreme	italienische Buttercreme
Fett der Buttercremes geschmacksgebende Zugaben	1 Teil 1 bis 2 Teile	1 Teil 1 Teil	1 Teil 1 Teil
Bestandteile der geschmacksgebenden Zugaben	Hauptzutat: und Zucker, Eigelb und Weizenpuder, Vanille	0,5 Teile 0,5 Teile	0,4 Teile 0,6 Teile
Besonderheit der Cremes in den Cremetorten und Cremedesserts	wegen des hohen Vanillecremeanteils:	wegen des hohen Butteranteils:	wegen des Anteils an Baisermasse:

3 Beschreiben Sie die Herstellung der Buttercremes.

Bearbeitung der Butter bei allen Cremes:

Deutsche Buttercreme:

Französische Buttercreme:

- Eier und Zucker
-

Italienische Buttercreme:

- Eiklar mit ⅓ des Zuckers .
- ⅔ des Zuckers mit etwas Wasser .
- Flugzucker .
- Zusammenrühren:

Name:	Klasse:	Datum:

LF 7

Aufschlagen von Schlagsahne

Für Sahnetorten und Sahnedesserts sollen Sie Schlagsahne aufschlagen. Dabei sollen Sie darauf achten, dass sie gut gelockert und stabil ist sowie ein großes Volumen erhält.

1 Kreuzen Sie an, wie viel Milchfett nach dem Gesetz in Schlagsahne mindestens enthalten sein muss.

☐ 1,5 % ☐ 3,5 % ☐ 10 % ☐ 15 % ☐ 20 % ☐ 30 % ☐ 35 % ☐ 40 %

Woraus wird Sahne in der Molkerei hergestellt?

2 Erläutern Sie, wie Schlagsahne aufgeschlagen wird, damit eine lockere und standhafte Sahne mit großem Volumen entsteht. Unterstreichen oder markieren Sie die richtigen Angaben.

Ideale Temperatur der Schlagsahne beim Aufschlagen:
–2 °C, ca. 0 °C, ca. 4 °C, ca. 10 °C

Ideale Raumtemperatur zum Aufschlagen der Schlagsahne:
ca. 10 °C, ca. 20 °C, ca. 25 °C

- Die Schlagsahne leicht gefrieren und vor dem Aufschlagen bei Raumtemperatur etwas temperieren.
- Am besten den Sahnebläser bzw. den Kessel und Rührbesen zum Aufschlagen vorkühlen.
- Im Sahnebläser entsteht die lockerste Schlagsahne mit dem größten Sahnevolumen.
- Das größte Sahnevolumen wird beim Aufschlagen in einem Kessel mit Rührbesen erreicht.
- Beim Aufschlagen im Kessel mit Rührbesen entsteht eine kompakte Schlagsahne mit kleinerem Volumen.

3 Erklären Sie mithilfe der Zeichnung die Vorgänge beim Aufschlagen bzw. Aufblasen von Schlagsahne und tragen Sie die Merkmale optimal aufgeschlagener Sahne ein.

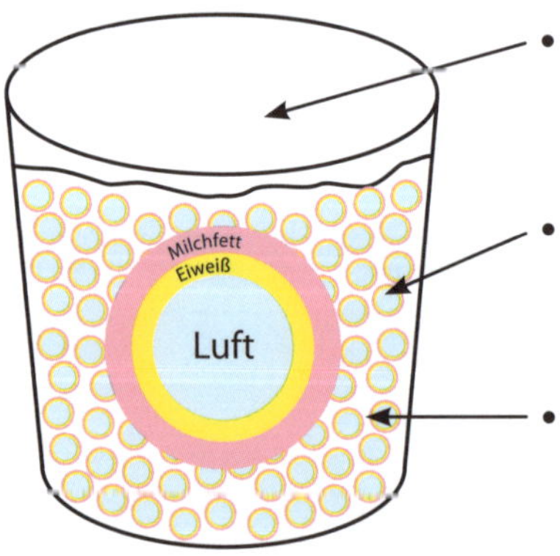

-
-
-

Optimal aufgeschlagene Sahne ist deshalb besonders • ______ und • ______.

4 Erklären Sie, warum zu warme Schlagsahne nicht aufschlagfähig ist.

In zu warmer Schlagsahne ist das Milchfett ______, es ______ somit am Eiweiß.

Das fettige Eiweiß ist nicht ______, sodass die eingeschlagene Luft ______

______ werden kann.

5 Für eine Schlagsahnetorte mit 16 Stück werden 1 000 g Schlagsahne berechnet. Berechnen Sie den Energiegehalt der Schlagsahne eines Sahnetortenstücks in kJ.

Zusammensetzung der Schlagsahne:			
64,5 %	Wasser	3 %	Zucker
30 %	Fett	2,5 %	Eiweiß

Schlagsahne für Torten und Desserts

Sie sollen einer Praktikantin zeigen, wie Schlagsahne zubereitet wird, die für Sahnetorten verarbeitet werden soll.

1 Kreuzen Sie an, wie viel g Zucker in 1 l Schlagsahne gegeben werden, um die Schlagsahne zu verbessern.

☐ bis 20 g ☐ 30 bis 50 g ☐ 80 bis 100 g ☐ 100 bis 150 g ☐ 150 bis 200 g

2 Welche Bindemittel werden in die Schlagsahne gegeben?

- ______
- ______

Welche positiven Eigenschaften haben diese Bindemittel auf die Schlagsahne?

- Sie binden Wasser bei ______.
- Sie sind ______.

3 Woraus besteht Gelatine? ______

Woraus wird Gelatine gewonnen? ______

4 Erklären Sie, warum in Schlagsahne für Torten und Desserts Bindemittel gegeben werden. Füllen Sie dazu die Lücken im Text mit folgenden Wörtern:

Bindemitteln gebunden – drei – ganzen Tag – Lockerung – Standfestigkeit – Wasser

Aufgeschlagene Schlagsahne gibt nach ca. drei Stunden ______ ab, das von den ______ wird. So behält die Schlagsahne den ______ über ihre ______ und ______.

Für 1 l Schlagsahne werden ______ Blätter Gelatine (6 g) benötigt.

5 Beschreiben Sie die Bearbeitung der Blattgelatine, bevor sie in die aufgeschlagene Schlagsahne eingerührt werden kann.

- ______
- ______
- ______

6 Erklären Sie, wie Blattgelatine und geschmacksgebende Zutaten, z. B. flüssige Kuvertüre, Aromapasten und Spirituosen, in die Schlagsahne gerührt werden.

- ______
- ______

Name:	Klasse:	Datum:

Sahnecreme

Die Bestimmungen der Leitsätze unterscheiden Sahnetorten und Sahnecremetorten. Sie erklären einer Kundin den Unterschied und beschreiben die Herstellung von Sahnecreme.

1 Torten bestehen aus Tortenböden, die gefüllt und ausgarniert werden. Nennen Sie die Bestimmungen der Leitsätze für folgende Torten:

Sahnetorte	**Sahnecremetorte**
Die Füllung und Garnierung besteht aus	Die Füllung und Garnierung besteht aus
.	.

In der Praxis werden auch Sahnecremetorten als Sahnetorten bezeichnet.

2 Berechnen Sie den prozentualen Anteil der Schlagsahne in folgenden Torten und geben Sie an, ob es sich um eine Sahnetorte oder Sahnecremetorte handelt:

Schokoladensahnetorte (Füllung und Garnierung)
Schokoladensahne: 900 g Schlagsahne, 200 g Kuvertüre, 30 g Zucker und 6 g Gelatine;
Schlagsahne zum Garnieren: 100 g;
Schokoladenspäne auf der Tortenoberfläche: 60 g

Schlagsahneanteil: _____ %; Tortenbezeichnung: _____

Himbeerjoghurtsahnetorte (Füllung und Garnierung)
Himbeerjoghurtsahne: 600 g Schlagsahne, 300 g Naturjoghurt, 250 g Himbeermark, 80 g Zucker, 60 g Eigelb (3 Stück), 2 g Salz, 8 g Gelatine (4 Blätter)
Schlagsahne zum Einstreichen des Tortenrandes: 200 g
Tortenoberfläche: 350 g Himbeeren, 500 g Geleeguss

Schlagsahneanteil: _____ %; Tortenbezeichnung: _____

3 Beschreiben Sie die Herstellungsschritte einer Sahnecreme am Rezeptbeispiel einer Käsesahnecreme für eine Käsesahnetorte. Ermitteln Sie den Schlagsahneanteil in der Käsesahnetorte.

150 g Milch 200 g Zucker 80 g Eigelb (4 Stück) 1 Prise Salz Die Bezeichnung dieses Vorgangs in der Fachsprache: Die Zutaten	10 g Gelatine (5 Blätter) 500 g Quark • • • Den Fond	600 g Schlagsahne 100 g Schlagsahne zum Einstreichen des Randes der Käsesahnetorte.

Gesamtgewicht Füllung und Garnierung: _____ Schlagsahneanteil in %: _____

4 Unterscheiden Sie:

	Schlagsahne	Sahnecreme
Lockerung:		
Tiefgefrieren:		

Stärke als Bindemittel für Cremes und Füllungen

Sie sollen mit einem neuen Mitarbeiter Vanillecreme für deutsche Buttercreme herstellen. Dabei erklären Sie, wie der hohe Anteil an Milch gebunden wird.

1 Benennen Sie das Bindemittel, das aus Weizenmehl gewonnen wird, und geben Sie an, wie es in der Praxis wegen der glatten, pulvrigen Beschaffenheit genannt wird.

Bindemittel: ______ Bezeichnung in der Praxis: ______

Welche Menge Wasser kann dieses Bindemittel berechnet vom Eigengewicht binden?

______

100 g des Bindemittels können ______ Wasser binden.

LF 7

2 Unter dem Mikroskop ist Stärke als kleine Körner erkennbar. Erklären Sie mithilfe der Abbildungen, wie die kleinen Weizenstärkekörner beim Erhitzen mit Wasser reagieren.

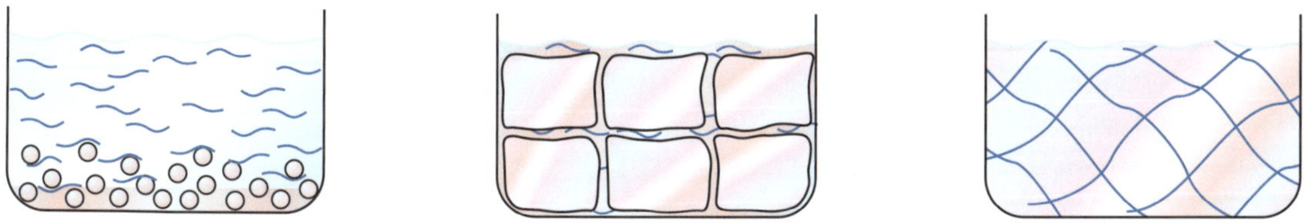

in ca. 40 °C warmem Wasser	in ca. 60 °C warmem Wasser	in ca. 90 °C warmem Wasser

Erklärung: ______

Fachausdruck der Wasserbindung durch Stärke: ______

3 Benennen Sie die abgebildeten Erzeugnisse und geben Sie die Flüssigkeiten an, die durch Stärke verkleistert werden.

- Erzeugnis: ______ Flüssigkeit: ______
- Erzeugnis: ______
- Flüssigkeit: ______

4 Welche Bindemittel sind in Kaltcremepulver und Saftbinder enthalten?

______

Erklären Sie vereinfacht, wie diese Bindemittel hergestellt werden.

______

Wie wird diese Stärke bezeichnet? ______

Warum binden Kaltcremepulver und Saftbinder, wenn sie in kaltes Wasser gerührt werden?

______

Name:	Klasse:	Datum:

Gekochte Cremes

Zur Qualitätsverbesserung der Vanillecreme als Füllung für verschiedene Gebäcke verzichtet Ihre Konditorei auf Kaltcremepulver aus modifizierter Stärke. Sie sollen Vanillecreme in herkömmlicher Weise herstellen.

LF 7

1 Ergänzen Sie die Zutaten der Rezeptur für Vanillecreme, auch Vanillepudding genannt. Beschreiben Sie die Herstellung der Vanillecreme, die zu den gekochten Cremes gehört.

Rezepturbeispiel: Vanillecreme	Herstellung
900 g ______	• ______
200 g ______	• ______
100 g ______	______
80 g ______	• ______
90 g ______	______
2 g ______ (1 Prise)	______
Aroma: ______	• ______
______ Vanillecreme	______

2 Erklären Sie Cremepulver und erläutern Sie, was statt Cremepulver verwendet werden kann.

Cremepulver besteht aus ______

alternativ zu Cremepulver ______

3 Vanillecreme wird als Füllung verwendet für z. B.:

______

4 Erklären Sie Vanillesoße.
Einziger Unterschied der Rezeptur zur Vanillecreme auf 1 l Milch:

______

______

Verwendungsbeispiele der warmen, zähfließenden Vanillesoße:

• ______ • ______

Verwendung von kalter Vanillesoße:

______

5 Erläutern Sie „leichte gekochte Vanillecreme".

______

Herstellung:

______

______

Verwendungsbeispiele: Füllung für

______

6 Erklären Sie den hauptsächlichen Unterschied der Weincreme gegenüber der Vanillecreme.

Bei der Weincreme ______

______ . Weincreme wird als Füllung verwendet, z. B. für ______ .

Süßspeisen aus gekochten Cremes und süße Soßen

Ihre Konditorei bietet im Café rote Grütze sowie Frucht- und Weincreme als Süßspeise an. Sie sollen diese gekochten Cremes herstellen und einige Zeit in die Kühlung geben, damit sie servierfertig werden. Außerdem sollen Sie für Mousse auf einem Teller einen Soßenspiegel zubereiten. Dafür stellen Sie verschiedene süße Soßen auf Vorrat her.

1 Nennen Sie die Zutaten und die Früchte für **rote Grütze** und beschreiben Sie die Herstellung dieser gekochten Creme als Süßspeise.

Flüssigkeit: 250 g → zum Süßen: 200 g

Bindemittel: 50 g

Herstellung:

Anschließend werden eingerührt:

z. B. je 300 g:

2 Weincreme und Fruchtcreme sind Süßspeisen aus gekochten Cremes. Nennen Sie die hauptsächlichen Zutaten und beschreiben Sie die Herstellung.

	Flüssigkeit	Bindemittel	weitere Zutaten
Weincreme			
Fruchtcreme			
Herstellung			

3 Nennen Sie die Zutaten bei der Rezeptur für Schokoladensoße, die der Vanillesoße bis auf die Schokozugabe gleich ist. Beschreiben Sie auch die Herstellung, die ebenfalls der Vanillesoße gleich ist.

Rezeptur: Schokoladensoße	Herstellung
900 g	•
100 g	•
200 g	
80 g (4 Stück)	
40 g	•
30 g	
Schokoladensoße	

Abgekühlte Vanille- und Schokoladensoße kann zur erneuten Verarbeitung wieder und glatt werden, z. B. im Mikrowellengerät.

4 Geben Sie Verwendungsbeispiele von süßen Soßen an.

Name:	Klasse:	Datum:

Süßspeisen: Bayerische Creme

Süßspeisen sind geschmackvolle gekochte Cremes oder Sahnecremes in verschiedenen Geschmacksrichtungen. Sie werden im Café als Desserts oder als Nachspeise serviert.

1 Bayerische Creme zählt zu den traditionellen Süßspeisen. Tragen Sie die Zutaten im Rezeptbeispiel der Bayerischen Creme ein und beschreiben Sie die Herstellung.

- **1. Hauptbestandteil:**
  Zutaten wie Vanillecreme ohne Bindemittel

- Bindemittel: 6 Blätter (12 g)

		Einen Fond herstellen:	Verarbeitung des Bindemittels:
500 g			
120 g			
100 g (5 Stück)			
Aroma:			

Den Fond auf 20 bis 25 °C ______, sodass er noch flüssig ist.

- **2. Hauptbestandteil** für die Sahnecreme: 500 g ______

  Verarbeitung: ______

- Diese Bayerische Creme kann auch mit einer beliebigen Geschmackszutat hergestellt werden, z. B. 150 g Kuvertüre, 80 g Likör, 300 g Fruchtmark einer beliebigen Frucht (Himbeeren, Erdbeeren u. a.).

  Zugabe der Geschmackszutat: ______

2 Erklären Sie beim Kundengespräch die Bayerische Creme.
Bayerische Creme besteht aus:

- ______
- ______
- manchmal mit einer ______, z. B. Kuvertüre, Früchte, Liköre.

3 Warum wird die Vanillecreme mit Gelatine und nicht mit Stärke gebunden?

______

4 Im Konditorei-Café werden Süßspeisen in Gläsern bzw. Dessertschalen oder auf Tellern serviert. Kreuzen Sie die zwei Fachbezeichnungen mit der richtigen Erklärung an.

- **Schüsselcremes** sind Süßspeisen,
  - ☐ die auf einem Teller hergerichtet und darauf serviert werden.
  - ☐ die nach der Herstellung in Gläser oder Dessertschalen gefüllt und darin serviert werden.
  - ☐ die nach dem Anziehen in Gläser oder auf Teller gefüllt und serviert werden.

- **Sturzcremes** sind Süßspeisen,
  - ☐ die nach der Herstellung in Gläser oder Dessertschalen gefüllt werden.
  - ☐ die schnell (sturzartig) aus der Kühlung genommen und sofort serviert werden.
  - ☐ die in Formen gefüllt und nach dem Festwerden auf Teller gestürzt werden.

Nennen Sie die Bezeichnungen der abgebildeten Servierarten der Süßspeisen.

links: ______ rechts: ______

Süßspeisen: Mousse und Gelee

Als klassische Süßspeise aus Sahnecreme bietet Ihre Konditorei Mousse in verschiedenen Geschmacksrichtungen an. Sie sollen eine Mousse au Chocolat herstellen und zum Servieren herrichten. Außerdem sollen Sie bei einem Kundengespräch Gelee als Süßspeise in verschiedenen Geschmacksrichtungen erklären.

LF 7

1 Beschreiben Sie die Herstellungsschritte mit den Zutaten einer Mousse au Chocolat (sprich: Mus o schokola) mit folgendem Rezeptbeispiel:
100 g Eier (2 Stück), 40 g Eigelb (2 Stück), 50 g Zucker, 2 Blätter (4 g) Gelatine, 200 g Schokoladenkuvertüre, 400 g Schlagsahne

-
-
-
-

2 Erklären Sie Mousse au Chocolat bei einem Kundengespräch.

Mousse au Chocolat besteht aus

- mit
- und
-

3 Nennen Sie Geschmackszutaten, die statt Schokoladenkuvertüre verwendet werden können und der Mousse den Namen geben:

4 Nennen Sie die Serviermöglichkeiten von Mousse als Dessert:

-
-

Beschreiben Sie die Zubereitung von Mousse als Nachspeise auf einem Teller. Füllen Sie die Lücken im Text mithilfe der Abbildung.

Aus der festgewordenen, gekühlten Mousse mit einem ______ Stücke formen und auf einen Teller legen. Den Teller mit Soßen wie ______ und mit ______ garnieren.

5 Nennen Sie die Zutaten von Gelees und beschreiben Sie die Herstellung.
Mögliche Flüssigkeiten, die mit Zucker gekocht werden:

Die Flüssigkeiten werden gebunden mit ______ .

Das abgekühlte Gelee in ______ füllen und ______ einlegen.

Name:	Klasse:	Datum:

Konfitüren, Gelees, Marmeladen

Sie sind in Ihrer Konditorei für den Einkauf der Rohstoffe zuständig. Deshalb erkundigen Sie sich, mit welchen Zutaten Konfitüren und Gelees hergestellt werden und auf welche Qualitätsunterschiede Sie beim Einkauf achten müssen.

1 Beschreiben Sie, wie Konfitüren hergestellt werden.

Zutaten: ______ und ______

Herstellung: ______

LF 7

2 Gelierzucker ist grobkörniger Zucker mit Zusätzen. Nennen Sie die zwei Zusätze.

Geliermittel (Bindemittel): ______ Geschmacksstoff: ______

Woraus werden die Bindemittel gewonnen? ______

Erklären Sie die Aufgabe dieser Geliermittel beim Kochen während der Konfitüreherstellung.

______

3 Die Konfitürenverordnung regelt, wie viel Gramm Früchte bzw. Fruchtsaft für 1000 g Obsterzeugnisse mit Zucker gekocht werden müssen. Tragen Sie die Gewichtsanteile sowie die Namen der Obsterzeugnisse in die Tabelle ein.

mindestens ______ g	mindestens ______ g	mindestens ______ g	mindestens ______ g	mindestens ______ g
und Zucker	**und Zucker**	**und Zucker**	**und Zucker**	**Zucker und Wasser**
Obsterzeugnis:	Obsterzeugnis:	Obsterzeugnis:	Obsterzeugnis:	Obsterzeugnis:

Ausnahme: Johannisbeerkonfitüre und Johannisbeergelee haben ______ g Fruchtanteil

Ausnahme: Johannisbeerkonfitüre extra und Johannisbeergelee extra haben ______ g Fruchtanteil

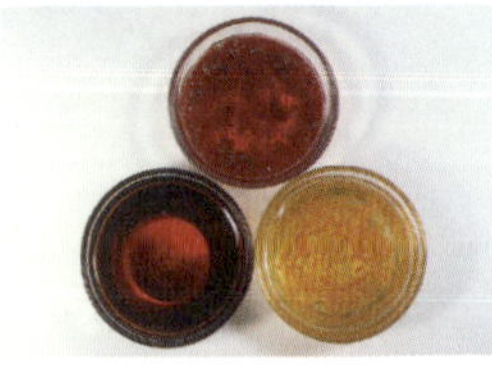

Marmelade darf nur mit ______ hergestellt werden.

4 Im Café werden häufig Konfitüren mit besonders hohem Fruchtanteil verwendet, der jedoch nicht in der Konfitürenverordnung vorgeschrieben ist. Geben Sie die Bezeichnung dieser Konfitüren und den Fruchtgehalt an.

Bezeichnung: ______ Fruchtgehalt je 1 000 g: ______

5 Erläutern Sie, wie bei Konfitüren, die mit mehreren Früchten hergestellt werden (Mehrfruchtkonfitüren), die einzelnen Früchte gekennzeichnet werden müssen.

______

Füllungen: Nuss-, Quark- und Apfelfüllung

Ein Marketingkonzept Ihrer Konditorei ist, nur beste Qualitätswaren anzubieten.
Sie stellen deshalb die Füllungen für die Gebäcke in herkömmlicher Weise her und verzichten auf Convenience-Produkte.

1 Benennen Sie die abgebildete Füllung und ihre Zutaten im Rezept und beschreiben Sie die Herstellung.

Rezeptbeispiel: ______	Herstellung
500 g ______	
300 g ______	
300 g ______	
500 g ______	
2 g (1 Prise) ______	
5 g (Gewürz) ______	
Aroma: ______	
______	

2 Geben Sie Verwendungsbeispiele dieser Füllung in der Konditorei an.

3 Erklären Sie, wie Haselnüsse in der Konditorei behandelt werden, damit sie einen besseren und stärkeren Nussgeschmack bekommen.

- Die ganzen Nüsse mit Pergamenthaut ______.
- Die Pergamenthaut ______.
- Die Nüsse nach dem Abkühlen ______.

4 Erklären Sie, welcher Quark mit welchem Fettgehalt für die Quarkfüllung verwendet wird.

Begründung:

Geschmacksgebendes Fett erhält die Quarkfüllung durch die Zugabe von ______.

Nennen Sie Beispiele, wofür die Quarkfüllung in der Konditorei verwendet wird.

5 Beschreiben Sie die Herstellung einer Apfelfüllung.

Geschälte und entkernte Äpfel ______.

Zugabe vor der Verarbeitung der Apfelfüllung:

Name:	Klasse:	Datum:

Füllungen: Mohn- und Franchipanfüllung

Die Kunden Ihrer Konditorei monieren (bemängeln) häufig, dass die Füllungen in den Gebäcken vieler Betriebe zu unnatürlich und zu süß schmecken. Sie sollen deshalb Mohn- und Franchipanfüllung ohne Convenience-Produkte in natürlicher Weise herstellen.

LF 7

1 Benennen Sie die Füllung in dem abgebildeten Gebäck im Rezeptbeispiel. Geben Sie die Zutaten dieser Füllung neben den Gewichtsangaben an und beschreiben Sie die Herstellung.

Rezeptbeispiel: ____________	Herstellung
400 g ____________	• ____________
300 g ____________	____________
100 g ____________	____________
2 g (1 Prise) ____________	____________
500 g ____________	• ____________
100 g ____________	____________
150 g ____________	____________
5 g (Gewürz) ____________	____________
5 g (Aroma) ____________	____________
______ Mohnfüllung	

2 Die Mohnsamen mit der harten Außenschicht müssen für die Mohnfüllung gemahlen werden.

Mahlen von Mohn bedeutet: ____________

Vorteil: Die ungesättigten ____________ und die ____________ werden frei.

3 Füllen Sie die Lücken in folgendem Text mit den angegebenen Wörtern.

binden Wasser – Feinen Backwaren – Füllungen – Frischhaltung – gerieben – Geschmack – getrocknet – Kuchen – länger weich und frisch – Tortenböden

Erklären Sie „süße Brösel".

Süße Brösel sind Abschnitte und Reste von ____________, z. B. ____________, ____________, ohne ____________.

Diese werden ____________ und zu Brösel ____________.

Erläutern Sie, warum süße Brösel für Nuss- und Mohnfüllung verwendet werden.

- Die Brösel ____________ in den Füllungen, sodass sie in den Gebäcken ____________ bleiben.
- Die Brösel verbessern den ____________ und die ____________ der Gebäcke.

4 In der Konditorei wird „Franchipanfüllung" verwendet. Kreuzen Sie die weitere Bezeichnung dieser Füllung an, die nach der Hauptzutat benannt wird.

☐ Mohnfüllung ☐ Apfelfüllung ☐ Marzipanfüllung ☐ Quarkfüllung ☐ Kirschfüllung

Nennen Sie die hauptsächlichen Zutaten der Franchipanfüllung.

500 g ____________ 300 g ____________

250 g ____________ 400 g ____________ (____ Stück)

Verwendung der Franchipanfüllung: ____________

Tortenformen

Sie sollen für die Werbeaktion „Torten von unserem Konditormeister – Kunst und Genuss" einen Flyer gestalten. Auf dem Flyer bilden Sie verschiedene Torten ab. Sie benennen die Torten und beschreiben die charakteristischen Merkmale.

1 Erklären Sie den Begriff „Anschnitttorte" und beschreiben Sie ihre typischen Merkmale.

Tortenform: Durchmesser:

Stückzahl:

- hohe Torten, z. B. Creme- und Sahnetorten:
- niedrige Torten, z. B. Obsttorten:

Garnierung:

Verkauf dieser Torten:

2 Tragen Sie die Bezeichnungen folgender Anschnitttorten ein, die nach ihrer Form benannt werden:

3 Benennen Sie folgende Festtagstorten nach ihren typischen Merkmalen:

Tortendurchmesser: 14 bis 20 cm, Tortenhöhe: ca. 4 cm

4 Geben Sie die Bezeichnung für Festtagstorten an, bei denen mehrere Torten übereinandergesetzt werden.

Bezeichnung:
- oder
-

Besonderheit der linken Torte:

Besonderheit der rechten Torte:

Der Durchmesser der einzelnen Torten:

Name:	Klasse:	Datum:

Desserts, Petits Fours

Für die Kaffeetafel einer Hochzeitsfeier wurden in Ihrer Konditorei verschiedene Desserts bestellt. Auf einen dekorierten Tisch sollen zwischen die Desserts auch Petits Fours auf einem Silbertablett als Blickfang gestellt werden.

1 Was versteht man in der Konditorei unter dem Begriff „Dessert"?

Desserts sind Erzeugnisse wie ___, jedoch in anderen ___. Statt mit Tortenböden werden die Desserts hergestellt mit ___ aus Biskuit- oder Wiener Masse, die gefüllt werden mit • ___,

• ___ oder • ___.

Obstdesserts werden obenauf mit verschiedenen ___ belegt.

2 Benennen Sie die abgebildeten Dessertbeispiele.

___

___

___

___

___

___

3 Auch gefüllte Gebäckstücke sind Desserts zum Kaffee. Benennen Sie folgende Dessertbeispiele:

• ___

• ___

___

___

4 Erläutern Sie Petits Fours (sprich: Peti Fuas).

Größe: ___

Füllung: ___ oder ___

Überzug: ___

LF 8

Herstellen von Torten

Sie sind in Ihrer Konditorei für die Herstellung der Torten zuständig. Dafür wird Ihnen ein neuer Mitarbeiter zugeteilt, dem Sie die Arbeitsschritte der Tortenherstellung am Beispiel einer Cremetorte der Reihe nach zeigen und erklären.

1 Erklären Sie das Herrichten eines Tortenbodens anhand der Abbildungen.

2 Erklären Sie grundsätzliche Regeln bei der Tortenherstellung:
Wie oft werden meistens Tortenböden auseinandergeschnitten? Die Begründung liegt beim Einstreichen der Tortenbodenscheiben.

- Torten mit Creme und Konfitüre gefüllt:

  ______ durchschneiden;

  ergibt ______ Tortenbodenscheiben

  Begründung: ______

- Torten mit Schlagsahne gefüllt:

  ______ durchschneiden;

  ergibt ______ Tortenbodenscheiben

  Begründung: ______

3 Beschreiben Sie mithilfe der Abbildungen die Herstellungsschritte für Torten.

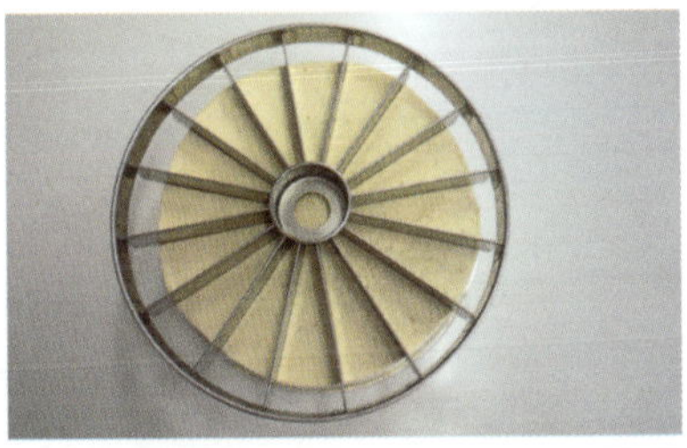

Name:	Klasse:	Datum:

Fertigstellen von Torten

Nachdem Sie die eingestrichenen Cremetorten cremearm ausgarniert haben, stellen Sie die Anschnitttorten fachgerecht zum Verkauf fertig. Beim Kundengespräch erklären Sie auch die Tortentränke.

1 Beschreiben Sie das Fertigstellen von ausgarnierten Cremetorten.

LF 8

2 Erklären Sie das Eindecken und Einschlagen von Torten.

Material herrichten:

- zum Eindecken:
- zum Einschlagen:

3 Beschreiben Sie das Überziehen von Torten mit Schokoladenkuvertüre, Fettglasur oder Fondant.

Kuvertüre, Fettglasur oder Fondant:

Merkmale des Überzugs:

4 Erklären Sie die Tortentränke mit Alkoholgeschmack mit folgendem Rezeptbeispiel.

Grundzutaten:
- 1 000 g
- ca. 750 g

Herstellung:

Fachbegriff der Tortentränke:

Geschmackszutat einrühren: 100 bis 200 g

z. B. Tränkename:

Für alkoholfreie Tortentränke wird verwendet.

Sahnetorten

Ein Kunde fragt in Ihrer Konditorei nach Sahnetorten. Sie empfehlen verschiedene Sahnetorten und zeigen dem Kunden dabei den Anschnitt der Sahnetorte, deren Zusammensetzung Sie erklären.

1 Erklären Sie die Schwarzwälder Kirschsahnetorte nach den Bestimmungen der Leitsätze.

- Tortenboden: ______,

erlaubt sind jedoch auch ______

- Füllung auf dem Tortenboden: ______

meistens: ______

- Sahnefüllung: ______

______

- Dekor auf der Tortenoberfläche: ______

LF 8

2 Beschreiben Sie den Aufbau der Holländer Kirschsahnetorte und Holländer Kirschsahneschnitten.

- Tortenböden: ______
- Füllung auf dem unteren Boden: ______
- Schlagsahne und Geschmack: ______

oder ______

- oberer Tortenboden: ______
- Dekor auf jedem Stück: ______

3 Benennen Sie folgende Sahnetorten. Beschreiben Sie auf einem Extrablatt deren Zusammensetzung:

______

______

______

______

Beschreiben Sie auf einem gesonderten Blatt die Zusammensetzung weiterer Sahnetorten, die Sie in Ihrem Betrieb herstellen.

Name:	Klasse:	Datum:

Sahnecremetorten, Sahnedesserts

Ihre Konditorei stellt Sahnecremes für Sahnetorten nur in herkömmlicher Weise von bester Qualität her und verzichtet auf Convenience-Produkte. Sie sollen in Ihrem Betrieb verschiedene Sahnecremetorten herstellen und richten dafür die entsprechenden Zutaten her. Empfehlen Sie einem Kunden einige Sahnedesserts.

LF 8

1 Geben Sie die Zutaten der drei Hauptgruppen von Sahnecremes an.

- 15 bis 20 %
- ca. 40 %
- 40 bis 45 %

Bestimmungen der Leitsätze: Die Füllung und Garnierung einer Sahnecremetorte enthält

.

2 Benennen Sie folgende Sahnetorten und nennen Sie die geschmacksbestimmenden Zutaten in diesen Sahnecremes:

Sahnetorte:

Zutaten:

Sahnetorte:

Zutaten:

Nennen Sie die geschmacksbestimmenden Zutaten von
- Joghurtsahnecreme:
- Fruchtsahnecreme, z. B. Heidelbeersahnecreme:
- Fruchtsahnecreme, z. B. Orangensahnecreme:

3 Nennen Sie verschiedene Sahnedesserts.

4 Beschreiben Sie Tiramisudesserts.

- Gebäcke unten und in der Mitte:

Gebäcke behandeln:

- Füllung:
- Oberfläche:

Obsttorten

Dem neuen Auszubildenden sollen Sie die Herstellung von Obsttorten zeigen. Erklären Sie ihm die einzelnen Arbeitsschritte.

1 Beschreiben Sie anhand der Abbildungen die Herstellungsschritte von Obsttorten.

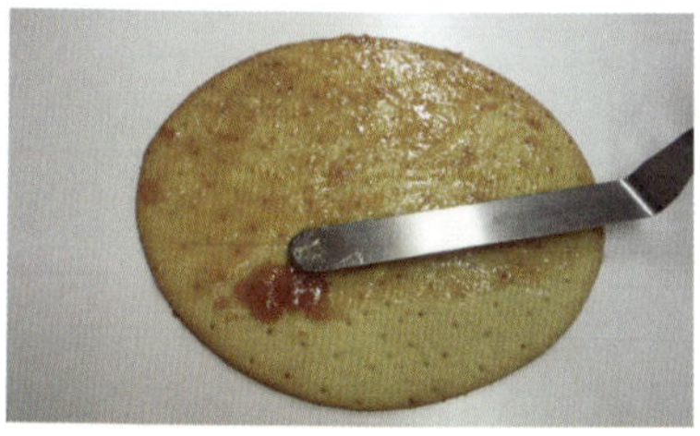

2 Aus welchen Zutaten und wie wird Geleeguss hergestellt?

-
-
-
-

Geleepulver besteht aus:

Auftragen von Geleeguss auf die Früchte:

Früchte mit ____________ Geleeguss abdecken.

3 Unterstreichen oder markieren Sie die Bindemittel, die in Geleepulver enthalten sein können.

Johannisbrotkernmehl, Gelatine, Stärke, Agar-Agar, Cremepulver, Lezithin, quellfähiges Eiweiß, Guarkernmehl, Zitronensäure, Lebensmittelfarbe, Alginate, Glyzerin, Carrageen, Kleber, Vielfachzucker

Name:	Klasse:	Datum:

Torten mit verschiedenen Füllungen

Ein Kunde fragt, ob es in Ihrer Konditorei auch Tortenstücke ohne Buttercreme und Schlagsahne gibt. Empfehlen Sie Torten mit verschiedenen Füllungen und erklären Sie diese.

1 Erklären Sie die klassische Sachertorte, deren Qualität in den Leitsätzen festgelegt ist.

Sacherboden: Es ist ein ,

mit hohem Anteil an ,

der Fettanteil ist nur .

Füllung:

Überzug: oder

Garnierung auf jedem Stück:

LF 8

2 Erläutern Sie, wie Schokoladenfondant hergestellt wird.

Geschmack:

3 Benennen und beschreiben Sie folgende Torte:

Tortenbezeichnung:

Tortenboden:

Füllung:

Überzug:

Garnierung:

Dekor:

4 Benennen und beschreiben Sie folgende Torte:

Tortenbezeichnung:

hergestellt aus:

Füllung:

5 Benennen und beschreiben Sie folgende Torte:

Tortenbezeichnung:

Tortenboden:

Füllung:

Einschlagen der ganzen Torte:

Überzug:

Garnierung:

Spritzglasuren

Zum Ausgarnieren von Petits Fours richten Sie eine Spritzglasur her. Später sollen Sie Lebkuchenfiguren ausgarnieren, für die Sie die entsprechende Spritzglasur herstellen.

1 Benennen Sie die abgebildete Spritzglasur. Kreuzen Sie die drei richtigen Herstellungsschritte an und nummerieren Sie jeweils davor die Reihenfolge der Herstellung.

- In flüssige Kuvertüre und Fettglasur zu gleichen Teilen etwas Kondensmilch einrühren.
- Kuvertüre auf ca. 50 °C erwärmen und somit auflösen.
- In eine flüssige Schokolade ein paar Tropfen Fruchtsäure einrühren.
- In die verdickte Kuvertüre so lange tropfenweise Läuterzucker zugeben und verrühren, bis eine glatte, geschmeidige Spritzglasur entsteht.
- In die noch zähe Kuvertüre/Fettglasur weiterhin Kondensmilch einrühren, bis die Spritzglasur weich ist.
- Die weiche Kuvertüre/Fettglasur zu einer glatten Spritzglasur schaumig schlagen.
- In die Schokolade nach und nach Spirituosen unterrühren, bis der Geschmack in der Spritzglasur deutlich wahrnehmbar ist.
- In die aufgelöste Kuvertüre einige Tropfen Läuterzucker einrühren. Die Kuvertüre verdickt sich beim Rühren.

Bezeichnung der Spritzglasur:

2 Benennen Sie folgende Spritzglasur. Nennen Sie die Zutaten der Spritzglasur und erklären Sie die Herstellung.

Name der Spritzglasur:

Zutaten:
- 1 Teil
- ca. 5,5 Teile
- einige Tropfen ,

z. B. Zitronensaft

Herstellung:

-
- Damit die Spritzglasur geschmeidiger wird:
- Fertigstellung der Spritzglasur, mit der dann sofort garniert werden kann:

3 Nennen Sie die Eigenschaften einer Spritzglasur zum Garnieren.

Die Spritzglasur muss sein: • • •

Die häufigsten Fehler der Spritzglasur beim Garnieren: • •

Name:	Klasse:	Datum:

Garnierungen, Schmuckauflagen

Dem neuen Auszubildenden sollen Sie die Technik des Garnierens zeigen. Sie üben dabei verschiedene Garnierungen für Festtagstorten und erklären, wie die Garnierungen heißen.

LF 8

1 Benennen und erklären Sie die abgebildeten Garnierunterlagen.

Name:

Material:

2 Wie nennt man die Garnierungen in den Abbildungen und welche Erzeugnisse werden damit ausgarniert?

Name der Garnierungen:

Erzeugnisse mit diesen Garnierungen:

Name der Garnierungen am Tortenrand:

Erzeugnisse mit diesen Garnierungen:

3 Erklären Sie anhand der Abbildungen, womit die Flächen in den Garnierungen ausgefüllt und verschönert werden können.

-
-

Begründung des Erhitzens:

4 Beschreiben Sie, wie Garnierungen mit eingelassenen (gefüllten) Flächen hergestellt werden, z. B. in der Abbildung die „25".

-
-

Krokant

Für Frankfurter Kränze stellen Sie in Ihrer Konditorei Krokant her. Zur rationellen Arbeitsweise stellen Sie eine größere Menge her, die Sie zu weiteren Krokanterzeugnissen verarbeiten.

1 Nennen Sie die Zutaten, aus denen Krokant hergestellt wird.

- 2 Teile ______
  etwas ______

- 1 Teil ______
  oder ______

Formen der Schalenfrüchte:
______ oder ______

Bearbeitung zur Geschmacksverbesserung:
______

2 Beschreiben Sie mithilfe der Abbildungen die Herstellung von Krokant.

- ______
- ______
- ______

3 Erklären Sie die Qualitätsmerkmale von diesem Hartkrokant.

Geschmack: ______

Beschaffenheit: ______

4 Auf den Fotos sind verschiedene Verwendungsmöglichkeiten für Krokant dargestellt. Nennen Sie diese.

Bezeichnungen: ______

Verwendung:
- ______
- ______

- ______
- ______
- ______

Name:	Klasse:	Datum:

LF 9

Zuckerlösungen, Dickzuckerfrüchte

Im Fachunterricht der Berufsschule sehen Sie einen Film über die Herstellung von Dickzuckerfrüchten. Anschließend sollen Sie Zuckerlösungen mit steigender Konzentration herstellen.

1 Benennen und beschreiben Sie anhand der Abbildungen das thermometerförmige Messgerät, das den Zuckergehalt in einer Zuckerlösung misst.

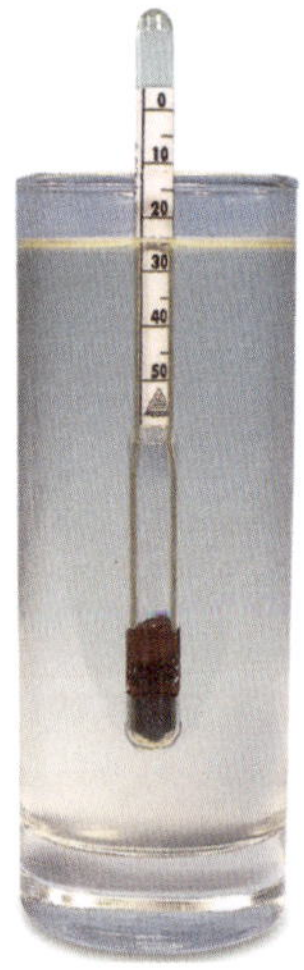

Name des Messgeräts: ______________________

Die Zahlen, oben 0 und unten 50, geben an:

______________________, abgekürzt: ______________________

Am unteren Teil des Messgeräts befindet sich ein ______________________.

Erklären Sie den physikalischen Messvorgang, indem Sie die Lücken des Texts füllen.

1 dm³ = ______ Liter Wasser; dieses wiegt ______ kg. 1dm³ Zucker wiegt 1,610 kg.

Je mehr Zucker im Wasser enthalten ist,

- desto höher ist die ______________ der Zuckerlösung,
- desto ______________ steigt die Zuckerwaage aus der ______________,
- desto höher sind die ______________ und die ______________ der Zuckerlösung.

LF 9

2 Kreuzen Sie die zwei richtigen Erklärungen der Dickzuckerfrüchte an.

- [ ] Dickzuckerfrüchte werden auch als kandierte Früchte bezeichnet.
- [ ] Dickzuckerfrüchte sind zuckerreiche Früchte, die getrocknet werden und somit einen hohen Zuckergehalt haben.
- [ ] Dickzuckerfrüchte sind Früchte, die in geschmolzenen Zucker getaucht werden und nach dem Abkühlen außen eine dicke Zuckerschicht aufweisen.
- [ ] Dickzuckerfrüchte enthalten durch und durch Zucker, den sie beim Einlegen in Zuckerlösungen, ca. sechs Tage lang, aufnehmen.
- [ ] Dickzuckerfrüchte sind Früchte, die dick mit einer Zuckerglasur bestrichen werden und somit nicht so schnell austrocknen.

3 Benennen Sie die abgebildeten Dickzuckerfrüchte und geben Sie an, woraus sie hergestellt werden.

Bezeichnungen: Schalen von

- ______________ ______________
- ______________ ______________

Bezeichnung: ______________

Pflanze: ______________

____

Verwendung: ______________

____

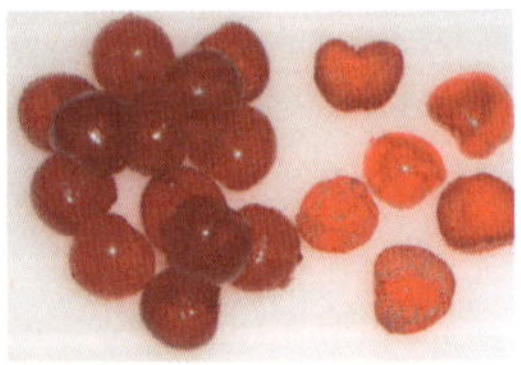

Bezeichnung:

____

Lagerung der Dickzuckerfrüchte: • ______________ • ______________

Dickzuckerfrüchte sind so lange frisch, solange sie ______________ sind.

Zuckerstufen

Für einen Eintrag in Ihr Berichtsheft ermitteln Sie mithilfe Ihres Fachbuchs die für die Konditorei wichtigen Zuckerstufen. Kochen Sie eine Zuckerlösung zu den einzelnen Zuckerstufen, die Sie durch Handproben und optische Erkennung feststellen.

1 Beim Erhitzen von Zucker und Wasser verändert sich der Zucker bei zunehmender Temperatur. Benennen Sie die für die Konditorei wichtigen Zuckerstufen und geben Sie jeweils die Verwendung an.

Temperatur des Zuckers	Bezeichnungen der Zuckerstufen	Verwendung
102 °C	______	• ______ • zum Süßen von ______
107 bis 109 °C	______	• Fadenzuckerglasur für ______
116 bis 118 °C	______	• ______ Baisermasse • Herstellung von ______
150 °C	______ ______	• Zum Weiterverarbeiten für ______ aus Zucker.
180 °C	______	• ______ • ______ für Speiseeis und Buttercreme • ______ von Mandeln und Nüssen für Pralinen und Tortendekor
200 °C	______	• ______ von Lebensmitteln, z. B. Cola, Rum, Bonbons

2 Erklären Sie, wie Fadenzucker und Flugzucker beim Zuckerkochen durch Handproben erkannt werden. Füllen Sie die Lücken des Texts mit den angegebenen Wortern.

abnehmen – blasen – Daumen – Drahtöse – Faden – tauchen – Zeigefinger – Ziehen – Zucker – Zuckerblasen – Zuckerhaut – Zuckerlösung

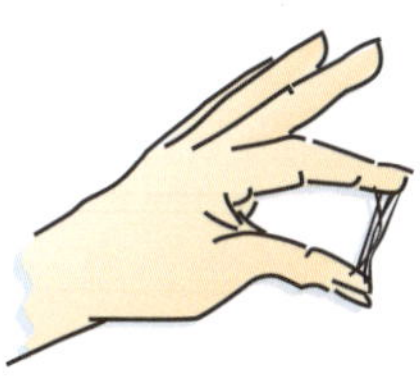

Einen Rührlöffel in die ______ tauchen. Beim Herausnehmen mit dem Zeigefinger ______ vom Rührlöffel ______. Bildet sich beim ______ zwischen ______ und ______ ein klebriger ______, ist die Temperatur des Fadenzuckers erreicht.

Eine ______, z. B. Pralinengabel, in die Zuckerlösung ______ und sofort nach dem Herausnehmen in die Öse ______. Ist die Temperatur des Flugzuckers erreicht, ist die Öse mit einer ______ durchzogen. Beim Hineinblasen fliegen zusammenhängende ______ weg.

Name:	Klasse:	Datum:

LF 9

Zuckerkochen, Zuckerschaustücke

Bei der Fortbildung wird das Zuckerkochen und die Herstellung von Zuckerschaustücken demonstriert. In Gruppenarbeit sollen Sie die einzelnen Arbeitstechniken einüben.

1 Folgender Text erklärt das Zuckerkochen für die Herstellung von Zuckerschaustücken. Füllen Sie die Lücken mit den angegebenen Wörtern.

auskristallisiert – geschmeidiger – Glukosesirup – kochen – Kupferkasserolle – Lebensmittelfarbe – Topf mit Stiel – Wärmeleiter – Wasser – Weinsteinsäure – Zucker – Zuckerthermometer – 150 °C

- Das ideale Gefäß zum Zuckerkochen ist eine ___, ein ___. Kupfer ist der beste ___, sodass das Erhitzen beschleunigt wird. Die Temperatur wird mit einem ___ festgestellt.
- ___ und ___ unter ständigem Rühren ___.
- Sofort nach dem Kochen ___ zugeben, damit der gekochte Zucker nicht ___.
- Soll der Zucker farbig sein, bei ca. 130 °C ___ zugeben.
- Bei 137 °C: ___ zugeben, damit der gekochte Zucker beim Verarbeiten ___ wird.
- Der Zucker ist bei ___ fertig gekocht.

2 Beschreiben Sie das Zuckergießen zur Herstellung von Schaustücken.
- Form für das Motiv: ___
- Arbeitstechnik: ___
- Fertigstellung des Schaustücks: Die Teile mit ___ Zucker auf einer ___ aus Zucker ___.

3 Erklären Sie das Zuckerziehen für Zuckerschaustücke.
- Zustand des gekochten Zuckers bei 70 bis 80 °C: ___
- Arbeitstechnik: Mit Gummihandschuhen zu Formen ___ bzw. ___. Einzelteile, z. B. bei Zuckerrosen, mit ___ Zucker ___.

4 Beschreiben Sie, wie Zucker zu Schaustücken geblasen wird.
- Gerät zum Blasen: ___ mit ___, auf dem der geschmeidige Zucker aufgesetzt wird.
- Arbeitstechnik: ___ in den Zucker ___ und dabei den ___ zu einer gewünschten Form ziehen und drehen.

LF 9

Marzipanrohmasse, Persipanrohmasse

Eine Kundin erzählt, dass sie beim Backen zu Hause Persipanrohmasse statt Marzipanrohmasse verwendet. Sie erklären ihr, dass in Ihrer Konditorei nur Marzipanrohmasse verwendet wird, und begründen dies.

1 Tragen Sie die zwei Rohstoffe, aus denen Marzipanrohmasse besteht, und deren Mengenverhältnis in Bruchzahlen in den Kasten ein.

Rohstoff: ____________	Rohstoff: ____________
Menge: ____________	Menge: ____________

Auf Mandelbäumen wachsen süße Mandeln und auch ein kleiner Teil bittere Mandeln, denen der Bitterstoff weitgehend entzogen wird.

Geschmack der Marzipanrohmasse: ____________

2 Geben Sie die Bezeichnungen der Qualitäten der Marzipanrohmasse mit den Unterschieden der enthaltenen Mandeln an. Nennen Sie auch Verwendungsmöglichkeiten.

Qualitätsbezeichnungen	____________	____________
Qualitätsunterschiede	____________ Qualität mit feinstem Mandelgeschmack; Mandeln: ____________	____________ Qualität; Mandeln: bis zu ____ % ____________ ____________ dürfen enthalten sein
Verwendungsbeispiele	• ____________ • ____________ • ____________	als geschmacksverbessernde Zugabe für ____________ ____________

3 Tragen Sie die Rohstoffe, aus denen Persipanrohmasse besteht, und deren Mengenverhältnis in Bruchzahlen in den Kasten ein.

Rohstoffe: • ____________ • ____________ • ____________ Menge: ____________	Rohstoff: ____________ Menge: ____________

Der Bitterstoff (Amygdalin) der bitteren Mandeln und der Kerne wird weitgehend entfernt. So haben die Kerne einen ähnlichen Geschmack wie Mandeln.

Geschmack der Persipanrohmasse: ____________

4 Beschreiben Sie, wie Marzipan- und Persipanrohmasse gelagert werden.

um den Verderb zu verzögern: ____________

damit sie nicht austrocknen: ____________

Abnahme der Rohmassen bei der Verarbeitung: ____________

Name:	Klasse:	Datum:

LF 10

Marzipan

Eine dreistöckige Hochzeitstorte soll dünn mit Marzipan eingedeckt und mit Marzipanrosen dekoriert werden. Dafür sollen Sie hochwertiges Marzipan herstellen.

1 Geben Sie die Zutaten entsprechend den Bestimmungen der Leitsätze an, aus denen Marzipan hergestellt wird.

auf 1 Teil ______ bis zu 1 Teil ______

Zugegeben werden können vom gesamten Marzipangewicht bis zu

3,5 % ______ oder 5 % ______ .

Erklären Sie die Auswirkung dieser Zusätze auf das Marzipan.

______

2 Erklären Sie, wie sich die Puderzuckermenge im Marzipan auf die Qualität des Marzipans auswirkt.

- Marzipan mit hoher Puderzuckermenge bei 1 Teil Marzipanrohmasse mit 1 Teil Puderzucker:
  Beschaffenheit: ______ Marzipangeschmack: ______
- 1 Teil Marzipanrohmasse mit bis zu 0,3 Teile Puderzucker:
  Beschaffenheit: ______ Marzipangeschmack: ______

LF 10

Je weniger Puderzucker Marzipan enthält, desto ______ .

3 Nennen Sie Beispiele, wofür Marzipan in der Konditorei verwendet wird.

- Modellieren von z. B. ______
- Eindecken von ______
- Unterlagen zum Garnieren: ______

4 Kreuzen Sie die richtigen Aussagen über bekannte, hochwertige Marzipanerzeugnisse an.

☐ Aachener Marzipan ☐ Nürnberger Marzipan ☐ Lübecker Marzipan ☐ Dresdner Marzipan

Es ist eine ☐ Fantasiebezeichnung ☐ Gattungsbezeichnung ☐ geschützte geografische Angabe

Es ist Marzipan mit ☐ viel Puderzucker ☐ wenig Puderzucker ☐ Rosenwasser ☐ Blattgold

5 Benennen und erklären Sie die abgebildeten hochwertigen Marzipanerzeugnisse.

Bezeichnung: ______

Dieser Stadtname ist eine ______ .

Das typische dieser Marzipanerzeugnisse ist

______ .

Diese charakteristische Oberfläche wird erreicht durch

______ .

Die Oberfläche bräunt durch ______ .

Die Marzipanerzeugnisse bleiben innen ______ .

Arbeiten mit Marzipan

Bei einer Aktion Ihrer Konditorei mit dem Thema „Kunst aus Marzipan" sollen Sie auf einem Demonstrationstisch im Laden den Kunden das Modellieren von Marzipan zeigen. Dafür richten Sie Marzipan und alle Hilfsmittel her.

1 Nennen Sie die Zutaten für gut modellierfähiges Marzipan, damit es nicht zu weich und die Marzipanqualität trotzdem gut ist.

- 1 000 g Marzipanrohmasse
-
- zur besseren Frischhaltung 3,5 % der oberen Zutaten:

2 Erklären Sie die Herstellung von Marzipan, indem Sie die Sätze vervollständigen.

- Die Zutaten bei
- Die Zutaten nur so lange zusammenmischen,

3 Wie wird Marzipan nach der Herstellung bis zum Modellieren aufbewahrt?

Begründung:

4 Welche hygienischen Maßnahmen vor und während des Modellierens mit Marzipan sind besonders wichtig?

- Arbeitstische und Arbeitsgeräte:
- Hände:

5 Was bedeutet Modellieren von Marzipan?

Hilfsmittel zum Modellieren sind .

Benennen Sie das abgebildete Hilfsmittel und erläutern Sie, wofür es verwendet wird.

Hilfsmittel:

Verwendung:

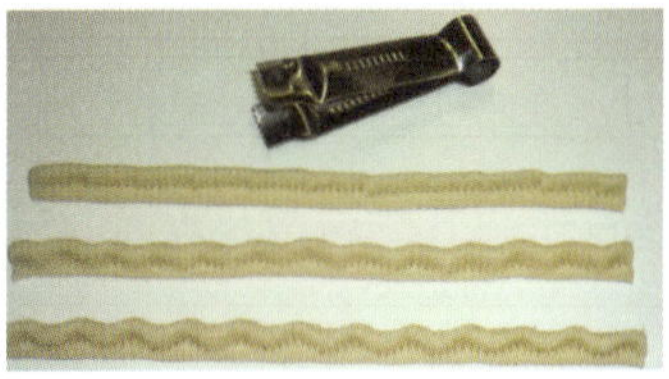

6 Welche Grundform ist die Ausgangsform für alle Marzipanteile zum Modellieren?

Warum muss diese Grundform sein?

-
-

Name:	Klasse:	Datum:

Fertigstellen von modellierten Marzipanfiguren

Sie sollen die modellierten Marzipanfiguren färben, damit sie lebhaft wirken. Anschließend richten Sie die Marzipanfiguren verkaufsfertig her.

1 Benennen und erklären Sie die abgebildeten Methoden des Einfärbens von Marzipan.

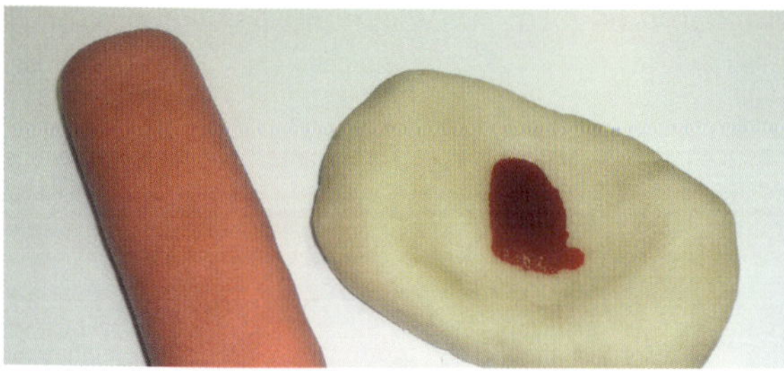

Methode:

Erklärung:

Methode:

Erklärung:

LF 10

2 Marzipanfiguren können auch mit mehreren Farben, die ineinanderfließen, geschminkt werden. Erklären Sie die Technik.

Beschreiben Sie, wie gefärbte Marzipanfiguren noch mit farbigen Streifen oder Punkten verschönert werden können.

3 Beschreiben Sie die einfache Herstellung von Marzipanfiguren wie in der Abbildung.

Hilfsmittel:

Herstellung der Marzipanfiguren:

-
-

Nachteil dieser Marzipanfiguren:

4 Erklären Sie, wie gefärbte, fertige Marzipanfiguren bearbeitet werden, damit sie nicht so schnell austrocknen.

Wie werden Marzipanfiguren verkaufsfertig gemacht, damit sie längere Zeit lagerfähig sind?

-

Kakaobohnen, Kakaoerzeugnisse

Im Fachunterricht in der Berufsschule sollen Sie ein Referat über Kakaopflanzen und Kakaobohnen halten. Sie sollen auch über die Kakaomasse informieren, aus der zwei Kakaoerzeugnisse gewonnen werden.

1 Tragen Sie in die Textlücken die Nummern der passenden Textteile ein, sodass ein zusammenhängender Text über die Kakaofrüchte und die Zubereitung der Samenkerne zu Kakaobohnen entsteht.

- Die ___ in tropischen Ländern am Äquator.
- Die reifen Kakaofrüchte sind ___.
- In einer Kakaofrucht befinden sich im Fruchtfleisch bis zu 50 ___.
- Die Samenkerne werden bei ca. 50 °C ___.
- Bei der Fermentation färben sich die hellen Samenkerne ___.
- Nach dem Fermentieren werden die Kakaobohnen ___, dass sie in andere Länder transportiert werden können.
- In den Schokoladenfabriken werden die Kakaobohnen ___.
- Die Kakaobohnen erhalten beim Rösten die endgültige ___.

1	kakaobraune Farbe und das vollständige Kakaoaroma
2	zu braunen Kakaobohnen, in denen erste Aromastoffe entstehen
3	getrocknet und sind somit haltbar
4	15 bis 25 cm lang und haben eine braune Farbe
5	weißlich gelbe, mandelförmige Samenkerne, die geschmacksarm sind
6	bei 120 bis 130 °C geröstet
7	fermentiert, wobei die Nährstoffe von Enzymen abgebaut werden
8	Kakaobäume wachsen bei feuchtem und sehr warmem Klima

2 Die gerösteten Kakaobohnen werden in erwärmten Walzen feinstzerkleinert. Dabei schmilzt das Fett, sodass die Kakaomasse entsteht. Ergänzen Sie zu den Prozentzahlen die wichtigsten Inhaltsstoffe der Kakaomasse.

energiereiche Nährstoffe: 54 % ___ 12 % ___ 7 % ___	gesunde Nährstoffe: 9 % ___ 3 % ___ und ___
Bitterstoffe: 6 % ___	regen das Nervensystem leicht an: 1,2 % ___

Farbe der Kakaomasse: ___ Geschmack: ___

3 Nennen Sie die zwei Kakaoerzeugnisse, die beim Pressen der Kakaomasse entstehen.

Kakaoerzeugnis, das in warmem Zustand flüssig ist: ___

Kakaoerzeugnis aus den festen Inhaltsstoffen: ___ oder ___ genannt

Name:	Klasse:	Datum:

LF 11

Schokolade, Schokoladenkuvertüre, Kakaobutter, Kakao

Ein Kunde möchte von Ihnen wissen, woraus Schokolade besteht und ob es einen Unterschied zur Schokoladenkuvertüre gibt. Bei dem Fachgespräch erklären Sie auch die Besonderheiten der hochwertigen Kakaobutter.

1 Tragen Sie die Bestandteile, aus denen Schokolade und Schokoladenkuvertüre bestehen, ein und füllen Sie die Lücken im Text. Schokoladenkuvertüre wird in der Praxis kurz als Kuvertüre bezeichnet.

Bestandteile der Schokolade und Schokoladenkuvertüre	Unterschied zwischen Schokolade und Schokoladenkuvertüre
• ______ • ______ • ______	Schokoladenkuvertüre enthält mehr ______ als Schokolade. Deshalb ist Kuvertüre ______ und eignet sich besser zum ______ der Waren.

Erlaubt ist die Zugabe anderer ______, bis ______ %, bezogen auf das Gesamtgewicht der Schokolade bzw. Kuvertüre. Die Zugabe der kakaofremden Fette muss auf der Schokoladenverpackung deutlich ______ werden, z. B. „enthält neben ______"

2 Beschreiben Sie die hochwertige Kakaobutter und deren Besonderheiten.

Begriffserklärung: Kakaobutter ist ______.

- Farbe: ______
- Geschmack: ______
- Festigkeit bei Raumtemperatur: ______

  Deshalb ist erkaltete Kuvertüre (ca. 20 °C) ______.
- Schmelzbereich (Temperatur, bei der sie flüssig wird): ______, weil Kakaobutter aus ca. 40 % ungesättigten Fettsäuren besteht. Dies wirkt sich beim Essen von Schokolade und Kuvertüre aus: ______

3 Wofür wird Kakaobutter in der Konditorei verwendet?

- ______, damit die Marzipanoberfläche eine dünne Schutzschicht erhält und somit Marzipan nicht so schnell ______.
- ______, wenn die Waren besonders ______ überzogen werden sollen.

4 Für welche Konditoreierzeugnisse wird Kakaopulver verwendet?

- Torten: ______
- Kuchen: ______
- Mürbeteiggebäcke: ______
- Speiseeis: ______

Schokoladenkuvertüre

Sie erklären einer neuen Auszubildenden die Kuvertürearten und die Schokolade, die in Ihrer Konditorei verarbeitet werden. Diese unterscheiden sich nicht nur farblich, sondern auch deutlich im Geschmack.

1 Benennen Sie die abgebildeten Kuvertüren bzw. die Schokolade. Geben Sie deren Farbe und Geschmacksrichtung an und beschreiben Sie deren besonderen Zutaten, die den Geschmack und die Farbe bestimmen.

Bezeichnung:

Farbe:

Geschmack:

Zutaten: hoher Anteil an

Je höher der Kakaoanteil, desto ______ der Geschmack.

Bezeichnung:

Farbe:

Geschmack:

Zutaten im Vergleich zur Kuvertüre: geringerer Anteil:

höherer Anteil:

besondere Zutat:

Bezeichnung:

Farbe:

Geschmack:

Zutaten im Vergleich zur Kuvertüre: besonders hoher Anteil:

______, höherer Anteil: ______,

besondere Zutat: ______, fehlende Zutat:

2 Nennen Sie die Zutaten, die die häufigste Zahlenkombination auf der Kuvertüreverpackung benennt.

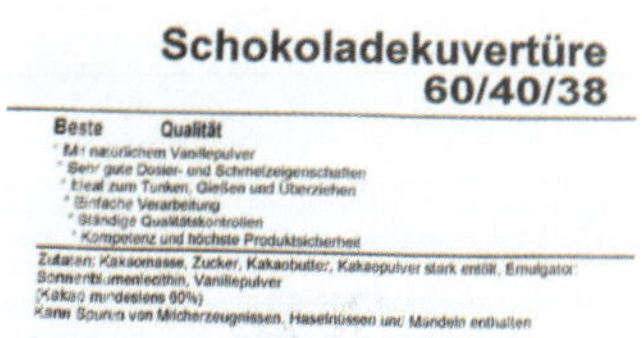

______ in der gesamten Kuvertüre

3 Erklären Sie, was nach den Bestimmungen der Leitsätze das Wort „Schokolade" oder die Abkürzung „Schoko" in der Bezeichnung der Konditoreierzeugnisse aussagt, z. B. Schokosahnetorte.

In den Waren muss

______.

Warenbeispiele:

Name:	Klasse:	Datum:

LF 11

Temperieren von Schokoladenkuvertüre

Da Ihre Konditorei nur Kuvertüre und keine Fettglasur verwendet, temperieren Sie am Schokoladenposten verarbeitungsfertige Kuvertüre.

1 Nennen Sie die Temperaturen, die verarbeitungsfertige Kuvertüren haben müssen.

Kuvertüre: Milchkuvertüre: weiße Schokolade:

2 Beschreiben Sie das Temperieren von Kuvertüre mithilfe der Zeichnung.

- Die feste Kuvertüre .
- Die Kuvertüre .
- Die Kuvertüre .

  Festigkeit: Die Kuvertüre .

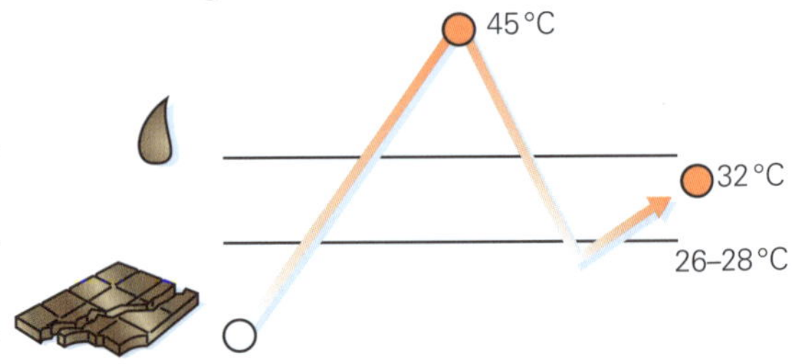

- Die abgekühlte Kuvertüre .

Nach dem Temperieren, zum Verarbeiten der Kuvertüre:

- , damit die Bestandteile der Kuvertüre zu einer homogenen Einheit vermischt werden

3 Erklären Sie, was in zu warmer Kuvertüre über 32 °C mit den Bestandteilen Kakaobutter, Kakao und Zucker passiert. Ergänzen Sie den Text.

Kakaobutter besteht aus verschiedenen , die in zu warmem Zustand

haben. Diese können sich mit dem Kakao und Zucker

in der Kuvertüre .

Die physikalischen Auswirkungen aus der unterschiedlichen Schwere von Kakao und Kakaobutter:

Kakao

Kakaobutter

Die Folge auf das Aussehen der Kuvertüre: Die Kakaobutter an der Oberfläche

der Kuvertüre ergibt ein oder es entstehen .

4 Beschreiben Sie die Veränderung der Kakaobutter in der Kuvertüre beim Temperieren.

Aus den großen, unregelmäßigen Kristallen der Kakaobutter entstehen in der Kuvertüre

.

Auswirkung: Beim gründlichen Durchrühren der Kuvertüre kann sich

.

Die Kuvertüre auf den Konditoreiwaren

und wird nach dem Abkühlen .

LF 11

Kuvertüre, Kuvertürefehler

Ein Kollege überzieht Gebäcke mit Kuvertüre, die erst nach längerer Zeit fest wird und grau aussieht. Sie erklären ihm die Ursachen der häufigsten Kuvertürefehler. Gemeinsam überziehen Sie dann Waren mit richtig temperierter Kuvertüre, bei der Sie ihm die Merkmale dieser Kuvertüre zeigen.

1 Beschreiben Sie die Erkennungsmerkmale richtig temperierter Kuvertüre.

- Die Kuvertüre hat die richtige ______ zur Verarbeitung, nicht zu ______ und nicht zu ______.
- Die Kuvertüre wird auf den Erzeugnissen ______ (nach ca. 3 Minuten).
- Die Kuvertüre ______ auf den Konditoreierzeugnissen.

Nennen Sie die Fachbezeichnungen dafür, wenn flüssige Kuvertüre beim Abkühlen auf den Waren fest wird. Die Kuvertüre ______. Oder: Die Kuvertüre ______.

2 Erklären Sie die Bedeutung folgender Temperaturen der Kuvertüre in Bezug auf die zu überziehenden Waren, die Raumtemperatur bei der Verarbeitung und die Lagerung der Waren mit Kuvertüre.

- 22 bis 25 °C: ______
- ca. 20 °C: ______
- 15 bis 18 °C: ______

3 Erklären Sie den „Fettreif" der Kuvertüre auf den Waren.

______

Nennen Sie die möglichen Ursachen des Fettreifs.

- Kuvertüre war bei der Verarbeitung ______.
- Kuvertüre wurde vor der Verarbeitung ______.
- Das Gebäck war beim Überziehen ______.
- Die Ware mit Kuvertüre wurde ______.

4 Kreuzen Sie an, was ein „Zuckerreif" auf der Kuvertüre ist und welche Ursache dieser Kuvertürefehler hat.

Begriff:
- ☐ Zu hoher Zuckergehalt in der Kuvertüre.
- ☐ Der Zucker wurde in der Kuvertüre nicht ausreichend verrührt.
- ☐ Die Kuvertüre der überzogenen Ware hat eine raue Oberfläche ohne Glanz.

Ursache:
- ☐ Es ist etwas Wasser in die Kuvertüre beim Verarbeiten gelangt.
- ☐ Die Ware mit der Kuvertüre wurde zu feucht gelagert, sodass der Zucker auskristallisiert und körnig wird.
- ☐ Die Kuvertüre wurde zu kühl verarbeitet.

Name:	Klasse:	Datum:

LF 11

Kakaohaltige Fettglasur

Im Fachunterricht der Berufsschule diskutieren Sie über die Vor- und Nachteile von Fettglasur gegenüber Kuvertüre. Für welche Überzugsmasse entscheidet sich Ihre Konditorei und mit welcher Begründung?

1 Nennen Sie die Bestandteile der Fettglasur und erklären Sie den Unterschied zur Kuvertüre.

Bestandteile der Fettglasur	Unterschied: Fettglasur – Kuvertüre
•	
•	
•	

Welche Fette befinden sich in der Fettglasur, die auch gemischt enthalten sind?

2 Beschreiben Sie Fettglasur, auch im Vergleich mit Kuvertüre.

- Herrichten der Fettglasur zum Überziehen von Waren:

  Vorteil gegenüber Kuvertüre:

- Vorteil auf dem Gebäck, auch bei wärmeren Temperaturen:

- Vorteil beim Schneiden von überzogenen Torten und Desserts:
- Begriff „Fettglasur" und Qualität:
- Bestimmungen der Leitsätze, damit Fettglasur auf den Waren für die Kunden erkennbar ist:

3 Unterstreichen oder markieren Sie die Konditoreierzeugnisse, die nicht mit Fettglasur überzogen werden dürfen, sondern mit Kuvertüre.

Marmorkuchen, Baumkuchen, Pfauenaugen, Teegebäcke aus Mürbeteig, Mandelhörnchen, Spritzgebäcke, Croissants, Florentiner, Teeblätter, Mandelmakronen, Nussmakronen, Kokosmakronen, Mohrenköpfe, Elisenlebkuchen, Nusslebkuchen, Trüffeltorten, Herrentorten, Prinzregententorten, Sachertorten, Cremedesserts, Pralinen

4 Erklären Sie, wie alle Kakaoerzeugnisse gelagert werden sollen.

-
-
-

Gießen von Schokoladenhohlkörpern

Vor allem zu Weihnachten und Ostern bieten Sie in Ihrer Konditorei verschiedene Schokoladenhohlfiguren an, die für Geschenke schön verpackt werden. Richten Sie die Formen her und gießen Sie die Schokoladenhohlfiguren mit temperierter Kuvertüre.

1 Beschreiben Sie die Formen zum Gießen von Schokoladenhohlfiguren.

Name des Materials: _____

Eigenschaft: _____

Herrichten der Formen zum Gießen:

Temperatur der Formen: _____

Innenseiten der Formen vor dem Gießen:

_____

Beim Anfassen der Formen beachten:

_____

Begründung: An der fettigen Stelle in der Form

- _____ oder
- _____

2 Beschreiben Sie, was mit Schokoladenhohlfiguren nach dem Gießen geschieht. Füllen Sie die Lücken des Texts mit den angegebenen Wörtern.

abgenommen – durchgehend matt – Folie – Form – glänzt – kühl stellen – Kuvertüre – löst – Luft – Pralinen – Schleife – zieht sich – zusammen

- Zum Anziehen der Kuvertüre die gegossenen Formen _____, ideal sind 7 bis 15 °C.
- Die Kuvertüre _____ beim Festwerden etwas _____ und _____ sich so von der Form, die nun _____ werden kann.

- Erkennungsmerkmale von angezogener, fester Kuvertüre in den Formen:
  Es gelangt etwas _____ zwischen die _____ der Hohlfigur und die _____. Die Schokoladenhohlfigur sieht dann _____ aus.
  Noch weiche Kuvertüre _____ in der Form.
- Herrichten für den Verkauf: Die Schokoladenhohlfiguren in _____ mit _____ als Geschenk verpacken. Schokoladeneier können auch mit _____ gefüllt werden.

3 Nennen Sie die Kuvertüren für drei Schokoladenfarben.

- _____
- _____
- _____

Erklären Sie, wie Schokolade grün, rot, orange, gelb u. a. eingefärbt werden kann.

_____

Name:	Klasse:	Datum:

Dekor aus Schokoladenspritzglasur

Zu Ihren Aufgaben in der Konditorei gehört das Garnieren von Festtagstorten mit Ornamenten und Schmuckauflagen aus Schokoladenspritzglasur. Sie sollen verschiedene Motive herstellen.

1 Nennen Sie die Zutaten für Schokoladenspritzglasur und erklären Sie die Herstellung.

- 100 g _____

  auf 40 bis 50 °C _____.

- Ca. 40 ml _____

  _____ nach und nach einrühren und so lange _____, bis die Spritzglasur _____ ist.

2 Beschreiben Sie die Arbeitsschritte, wie Ornamente und Schmuckauflagen hergestellt werden.

- Damit alle Figuren gleich aussehen: _____
- Auf die Zeichnungen legen: _____
- Garnieren: _____
- gebrauchsfertige Garnierungen: _____

3 Erklären Sie die Herstellung von Schmuckauflagen wie im abgebildeten Beispiel auf einer Festtagstorte zur Taufe.

- Figuren: _____
- Garnieren: _____
- Figuren einlassen: _____

4 Benennen Sie die zwei verschiedenen Garnierungen auf der abgebildeten Torte.

Schmuckauflagen auf jedem Tortenstück: _____

Dekor im Mittelteil der Torte: _____

Dekorerklärung: Mit _____ vier gleiche Gitter _____. Die Gitter nach dem _____ in der Mitte der Torte mit _____ zusammenkleben.

5 Zeichnen Sie auf einem gesonderten Blatt verschiedene Schmuckauflagen, Ornamente und Aufsätze, die Sie dann garnieren und einlassen.

LF 11

Nugatmassen (Nougatmassen)

Verschiedene Mürbeteiggebäcke füllen Sie in Ihrer Konditorei mit Nugatmassen oder Nugatcreme. Unterscheiden Sie diese Produkte sowie die Nusspaste.

1 Ergänzen Sie in der Tabelle die Zutaten der Nugatmassen, die den Geschmack und die Farbe bestimmen.

Hauptzutaten		Weitere Zutaten
___ und/oder ___		Kakaoerzeugnisse, z. B.: • ___ • ___ • ___
___, höchstens ___ % der gesamten Nugatmasse		

Benennen Sie die einzelnen Nugatmassen.

- mit Nüssen: ___
- mit Mandeln: ___
- halb Nüsse, halb Mandeln: ___

2 Erklären Sie die Nusspaste, die zur Nugatmasse gehört, sich jedoch durch die Zutaten unterscheidet.

Nusspaste besteht aus ___

___

Verwendung: ___

___

3 Nennen Sie die Zutaten der Nugatcreme, wie sie von der Industrie als Brotaufstrich und Füllung für Waffeln angeboten wird. Geben Sie auch die Unterschiede der Zutaten gegenüber der Nugatmasse an.

Zutaten der Nugatmasse:

- mindestens 10 % ___ oder ___
- höchstens 67 % ___
- pflanzliches ___

Unterschiede in Bezug auf die Zutaten:

- ___ Nüsse bzw. Mandeln
- ___ Zucker
- ___ Fett

Beschaffenheit wegen des hohen Fettgehalts: ___

Verwendungsmöglichkeit in der Konditorei:

___

Angeboten von der Industrie als ___.

4 Nennen Sie die Zutaten von Nugat und geben Sie den Unterschied zur Nugatmasse an.

Nugat	
1 Teil ___	höchstens ½ Teil ___

Nugat ist ___ ___, schmeckt ___.

Name:	Klasse:	Datum:

LF 11

Pralinensorten

Eine Spezialität Ihrer Konditorei sind hochwertige Pralinen in großer Auswahl. Sie sollen ein Informationsblatt über die Pralinensorten für die Fachverkäuferinnen erstellen, damit sie die verschiedenen Pralinen bei der Kundenberatung nach ihren Hauptzutaten unterteilen können.

1 Definieren Sie den Begriff „Pralinen" nach den gesetzlichen Bestimmungen der Kakaoverordnung.

2 Benennen Sie die abgebildeten Pralinensorten unter den Bildern und geben Sie darunter die Grundzutat an, aus denen sie hauptsächlich hergestellt werden.

-
-

-
-

-
-

3 Benennen Sie die abgebildete Pralinensorte und geben Sie den Überbegriff der Füllung dieser Pralinen an. Nennen Sie auch Beispiele für Füllungen, die den Namen der Pralinen ergeben.

Pralinensorte: Füllung:

Füllungsbeispiele:

LF 11

4 Wie heißt die abgebildete Pralinensorte und womit werden diese Pralinen gefüllt? Erklären Sie, aus welchen Zutaten diese Pralinenfüllungen hergestellt werden.
Nennen Sie auch Beispiele der Geschmacksstoffe, die diesen Pralinen den Namen geben.

Pralinensorte:

Füllung:

Bestandteile der Füllung:

- 1 Teil
- ca. 2 Teile
- Geschmacksstoffe:

5 Benennen Sie die abgebildeten Pralinen und geben Sie die Zutaten an, mit denen sie hergestellt werden. Erklären Sie auch, zu welcher Pralinensorte diese Pralinen gehören.

Pralinenbezeichnung:

- Zutaten:
-

Pralinensorte:

Pralinenherstellung

Eine Firma bestellt zum Jubiläum als Geschenk für die Mitarbeiter in Ihrer Konditorei 100 Pralinentütchen mit verschiedenen Pralinen. Dafür erstellen Sie Rezepturen von bekannten und beliebten Pralinen. Für die Herstellung überlegen Sie sich für jede Pralinenart die einzelnen Arbeitsschritte.

1 Ergänzen Sie die Zutaten im Rezept für eine Kirschwasser-Trüffelmasse und beschreiben Sie deren Herstellung.

Rezept: Kirschwasser-Trüffelmasse	Herstellung
500 g ______	• ______
100 g ______ (zur längeren Frischhaltung der Masse)	• ______
900 g ______	
150 g ______	• ______
______ g Kirschwasser-Trüffelmasse	

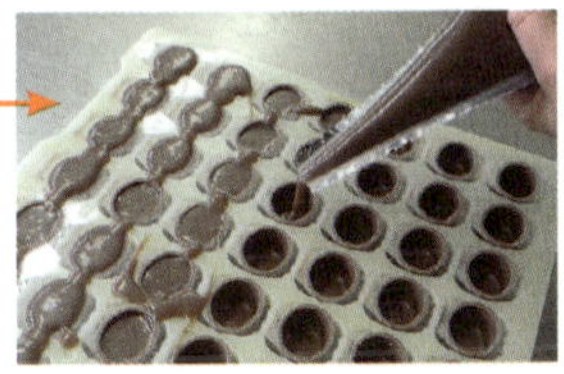

Beschreiben Sie anhand der Abbildungen, wie die Trüffelmasse zu Trüffelpralinen verarbeitet werden kann. Ergänzen Sie den Text.

Trüffelmasse in ______

füllen und diese mit ______ verschließen.

Plättchen als Unterlage können bestehen aus: • ______

• ______ • ______

Pralinenherstellung: ______

Fertigstellen der Pralinen: ______

2 Nennen Sie die Grundzutat für Marzipanpralinen und geben Sie weitere mögliche Zutaten an, die mit der Grundzutat zu einer Pralinenmasse vermischt werden. Diese Zutaten werden als Geschmacksstoff im Namen der Marzipanpralinen genannt.

Grundzutat: ______

geschmacksgebende Zutaten:

- Schalenfrüchte: ______
- Trockenfrüchte: ______
- Spirituosen, z. B.: ______

3 Benennen Sie die abgebildeten Pralinen und deren Zutaten.

Pralinenbezeichnung: ______

Dunkle Streifen bestehen aus:

______

Helle Streifen bestehen aus:

______

Name:	Klasse:	Datum:

LF 11

Pralinen im Verkauf

In Ihrer Konditorei helfen Sie im Laden, damit Sie mit den Verkaufstechniken vertraut werden.
Sie lernen, wie Pralinen verkaufsfördernd im Laden präsentiert werden.
Bei der Kundenberatung sollen Sie Ihr praktisches Wissen über Pralinen einbringen.

1 Kreuzen Sie an, wie Pralinen gelagert werden sollten.

☐ sehr kalt, 3 bis 6 °C ☐ kalt, 8 bis 12 °C ☐ kühl, 15 bis 18 °C ☐ temperiert, 20 bis 22 °C

☐ trocken, geringe Luftfeuchtigkeit ☐ hohe Luftfeuchtigkeit im kühlen Klimaschrank

☐ neben würzigen Gebäcken lagern ☐ wie Sahneerzeugnisse lagern ☐ frei von Fremdgerüchen

☐ ideal im Kühlschrank ☐ ideal in der Pralinenvitrine ☐ ideal im nicht zu warmen Laden

2 Beschreiben Sie anhand der Abbildung, wie Pralinen im Laden den Kunden präsentiert werden sollen, damit sie ansprechend und verkaufsfördernd wirken.

Jede Pralinensorte ______

Farbliche Anordnung der Tabletts nebeneinander:

______

______

Pralinenmenge auf den Tabletts: ______

______

3 Erklären Sie, wie Pralinen im Verkauf angefasst werden, um Fingerabdrücke zu vermeiden und um hygienisch einwandfrei zu arbeiten.

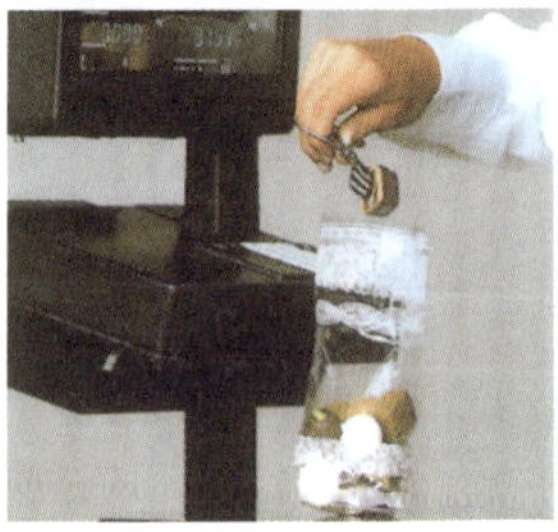

Beim Aufrichten der Pralinen auf Tabletts:

______

Beim Verkauf vor den Kunden, z. B. beim Einfüllen in Folientütchen:

______

4 Unterstreichen oder markieren Sie die richtigen Aussagen über die Frischhaltung und Lagerfähigkeit der Pralinen.

- Alle Pralinen halten einige Monate frisch und sind gleich lang lagerfähig.
- Mandelsplitterpralinen sind wegen ihrer Zutaten länger frisch als Trüffelpralinen.
- Alte Pralinen erkennt man am Grauschleier der Kuvertüre.
- Bei zu lange gelagerten Pralinen gehen Geschmacksstoffe verloren und die Kuvertüre verändert sich geschmacklich nachteilig.
- Zu lange gelagerte Pralinen riechen etwas nachteilig, weil die Kakaobutter in der Kuvertüre leicht ranzig wird.
- Bei zunehmender Lagerung verlieren die Pralinen an Volumen, sodass die Kuvertüre leicht reißt.
- Pralinen werden bei zu langer und zu warmer Lagerung trocken.
- Pralinen bleiben auch bei langer Lagerung gleich, alte Pralinen sind deshalb nicht erkennbar.

5 Erklären Sie im Kundengespräch die Qualitätsmerkmale und Vorteile der Pralinen aus der Konditorei gegenüber den preisgünstigen Industriepralinen. Ergänzen Sie die Sätze.

Pralinen aus der Konditorei werden nur mit ______

hergestellt und sind deshalb besonders ______ .

In der Konditorei erhalten die Kunden nur Pralinen von hoher

______ . Die Pralinen sind grundsätzlich ______ .

LF 11

Speiseeissorten

Diskutieren Sie mit Ihren Kolleginnen und Kollegen, welche Eissorten in den Konditoreien hergestellt und verkauft werden. Vergleichen Sie die Eissorten der Konditorei mit Industrieeis. Informieren Sie sich über die Mindestanforderungen an die einzelnen Speiseeissorten.

1 Erklären Sie, was nach den Bestimmungen der Leitsätze als Speiseeis bezeichnet wird.

Verschiedene Zutaten werden bei der Herstellung ______.

Speiseeis wird ______ verkauft und ______.

2 Nennen Sie die Speiseeissorten und deren Mindestanforderungen nach den Bestimmungen der Leitsätze, die in Konditoreien und in Eisdielen hergestellt werden.

Speiseeissorten, in Konditoreien hergestellt	Mindestanforderungen: Die Prozentzahlen beziehen sich auf das Gewicht des gesamten Speiseeises
Hauptzutat ist Milch: ______	Hauptzutat: enthält mindestens ______ % ______ Statt Milch können Milcherzeugnisse verwendet werden, die dem Eis den Namen geben: • ______ • ______ • ______
Hauptzutat ist Milch; Eis mit Eiern bzw. Eigelb: ______	Hauptzutat: enthält mindestens ______ % ______ Auf 1 l Milch müssen mindestens zugegeben werden: ______ oder ______
Eis mit Obst: ______	Hauptzutat: enthält mindestens ______ % ______ Bei stark säurehaltigen Früchten, z. B. für Zitroneneis: enthält mindestens ______ % ______
Eis mit Obst, ohne Milcherzeugnisse: ______	Hauptzutat: enthält mindestens ______ % ______ Bei stark säurehaltigen Früchten, z. B. für Orangeneis: enthält mindestens ______ % ______ Für dieses Eis dürfen nicht verwendet werden: ______
Eis aus Schlagsahne (Rahm): ______ oder ______	Hauptgeschmacksgeber der Schlagsahne: Das Eis enthält mindestens ______ % ______.

3 Nennen Sie die Speiseeissorten, die von der Eisindustrie hergestellt werden, und geben Sie deren Mindestanforderungen nach den Bestimmungen der Leitsätze an.

Industrieeis ohne Obst: ______	Mindestanteil des Milchbestandteils für cremiges Eis: Das Eis enthält mindestens ______ % ______.
Industrieeis mit Obst: ______	Milchbestandteil: enthält mindestens ______ % ______ Obsterkennung im Eis: ______ ______
Speiseeis, das nicht die Anforderungen der anderen Eissorten erfüllt: ______	Es besteht aus ______ und ______ sowie geschmacksgebenden und färbenden Zutaten. Qualität dieses Eises: ______

Name:	Klasse:	Datum:

LF 12

Zutaten für Speiseeis

Gutes Eis sollte nicht zu süß schmecken. Deshalb wird bei der Eisherstellung ein Teil des Zuckers durch gering süßende Zuckerarten ersetzt. Damit fertig gefrorenes Eis die richtige Konsistenz hat, muss in der Eisrezeptur ein bestimmter Anteil trockener Zutaten berechnet werden. Informieren Sie sich über die technologische Bedeutung der Zutaten im Eis.

1 Speiseeis enthält flüssige und trockene Zutaten. Nennen Sie diese.

Wasserhaltige Zutaten im Eis	Trockene Zutaten im Eis
im Milcheis und Cremeeis:	• ______
• ______	• ______ oder
• ______	______
im Fruchteis und Frucht-Sorbet:	• ______
• ______	• ______
• ______	

2 Lesen Sie den Text und beantworten Sie dann folgende Fragen.

Bei der Eisherstellung werden die Zutaten abgewogen und zu einem flüssigen Eismix verrührt. Der Eismix sollte aus ca. 65 % Wasser und 35 % trockenen Bestandteilen bestehen.
Im Eismix löst das Wasser die trockenen Zutaten. Diese quellen auf und binden einen Teil des Wassers im Eismix. Diese elastischen Quellstoffe halten beim Gefrieren in der Eismaschine Luft fest. Dadurch erhöht sich das Eisvolumen und cremiges Eis mit zartem Schmelz entsteht. Es muss jedoch noch ausreichend ungebundenes Wasser vorhanden sein, da nur das freie Wasser in der Eismaschine zu einem festen Eis gefroren wird.
Bei zu vielen trockenen Zutaten im Eismix wird zu viel Wasser gebunden, sodass zu wenig freies Wasser zum Gefrieren in der Eismaschine übrig bleibt. Das Eis bleibt zu weich. Bei zu wenig trockenen Zutaten wird das Eis zu hart, weil zu viel ungebundenes Wasser gefroren wird.

Beim Verrühren der Zutaten für Speiseeis entsteht ______.

Wodurch entsteht in der Eismaschine ein festes Eis?

______

Was geschieht mit den trockenen Zutaten, die im Wasser gelöst sind?

______

Welche Eigenschaften haben die Quellstoffe in der Eismaschine?

______

Welche Auswirkungen hat diese Eigenschaft auf das fertig gefrorene Eis?

- ______
- ______

Wie soll das Verhältnis von Wasser und trockenen Bestandteilen im Eismix sein, damit gutes Eis entsteht?
- ______
- ______

Welche Eisfehler entstehen, wenn das Verhältnis von Wasser und trockenen Zutaten nicht stimmt?

- zu wenig trockene Zutaten: ______
- zu viel trockene Zutaten: ______

3 Ergänzen Sie die Satzanfänge mit den passenden Satzhälften. Tragen Sie dabei den richtigen Buchstaben in die Kästchen ein.

Das Milchfett der Milch und Sahne ergibt	☐	a) quellen stark und binden Wasser im Eismix.
Zucker im Eismix	☐	b) eine cremige, nicht zu harte Beschaffenheit des Eises und verbessert den Eisgeschmack.
Der hohe Anteil Milcheiweiß im Magermilchpulver und das Eisbindemittel	☐	c) bindet Wasser und süßt das Eis.

LF 12

Speiseeisherstellung: Milcheis, Cremeeis

Einem neuen Mitarbeiter in Ihrer Konditorei geben Sie ein Grundrezept für Milcheis, da Sie mit ihm Milcheissorten verschiedener Geschmacksrichtungen herstellen sollen. Erklären Sie ihm auch den Vorgang der Eisherstellung in der Eismaschine.

1 Nennen Sie die Zutaten für Milcheis.

2 Wie unterscheidet sich Milcheis von Cremeeis, damit die Leitsätze erfüllt sind?
Cremeeis enthält auf 1 l Milch zusätzlich

Welche Eissorten werden aus dem Grundrezept für Milcheis und Cremeeis hergestellt?

Welche Geschmacksstoffe werden bei folgenden Eissorten dem Grundrezept für Milcheis und Cremeeis zugegeben?

- Vanilleeis:
- Schokoladeneis:
- Nusseis:

3 In Eismaschinen erfolgen die „warme Eisherstellung" und das Gefrieren von Milcheis und Cremeeis automatisch. Erklären Sie den Vorgang, indem Sie die Sätze mit den angegebenen Satzteilen ergänzen.

bei Kälte die Mikroorganismen kaum vermehren. – Luft eingeschlagen, sodass ein lockeres Eis entsteht – glatten Eismix verrühren – die stark gefrorene Außenwand gefrieren – ständige Bewegung beim Gefrieren – gekühlte Edelstahlschalen füllen – die Mikroorganismen absterben – quellen und Wasser binden können

- Alle Zutaten mit einem Mixstab zu einem
- Den Eismix bei 65 bis 85 °C pasteurisieren, damit
- Sofort nach dem Pasteurisieren den Eismix schnell auf +4 °C abkühlen, weil sich
- Den abgekühlten Eismix mindestens sechs Stunden stehen lassen, damit die trockenen Bestandteile des Eismixes
- Den reifen Eismix in einer Gefriertrommel von außen nach innen durch
- Mittels eines Rührwerks mit Spateln wird beim Gefrieren
- Es entsteht ein cremiges und festes Eis mit zartem Schmelz durch die
- Das fertig gefrorene Eis aus der Eismaschine in

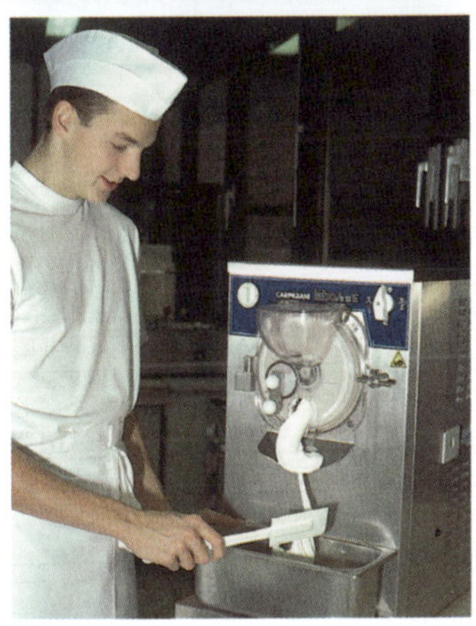

Name:	Klasse:	Datum:

LF 12

Speiseeisherstellung: Fruchteis

Entscheidend für die Qualität von Speiseeis ist ein ausgewogenes Rezept, da die Herstellung in der Eismaschine automatisch erfolgt. Deshalb sollen Sie ein Rezept für Fruchteis erstellen und die technologische Bedeutung der Zutaten erklären.

1 Nennen Sie den Fruchtanteil nach den Bestimmungen der Leitsätze von Fruchteis und Frucht-Sorbet.

Fruchteis: ______

Zitroneneis: ______

Frucht-Sorbet: ______

Die beste Qualität ergibt ein Fruchtanteil von 30 bis 35 %.

2 Tragen Sie die Zutaten bei dem Rezept für Erdbeereis ein als Beispiel für die Fruchteissorten. Beschreiben Sie auch die Herstellung, indem Sie die Lücken der Sätze füllen.

Rezeptbeispiel: Erdbeereis

700 g	______
300 g	______
500 g	______
80 g	______
45 g	______
90 g	______
850 g	______
50 g	______
______ g	Eismix

Herstellung von Fruchteis

- Alle Zutaten zusammen ______ ______.
- Den Eismix mit ______ ca. 2 Minuten ______.
- Den Eismix ca. 10 Minuten ______ ______ und dann in die ______ geben und zu ______.

Erklären Sie, warum Fruchteis und Frucht-Sorbet nicht pasteurisiert, sondern bei „kalter Eisherstellung“ zubereitet werden.

______

LF 12

3 Für Fruchteis können 1 000 g Wasser zugegeben werden. Es kann auch das Wasser bis zur Hälfte durch Milch ersetzt werden. Erklären Sie den Einfluss von Milch im Fruchteis.

Durch Milchfett und Milcheiweiß ______ ______.

Schlagsahne und zu viel Milch dürfen in das Fruchteis nicht gegeben werden, weil ______.

Nennen Sie den Unterschied zwischen Fruchteis und Frucht-Sorbet in Bezug auf die Zutaten.

______

Welche zwei Zutaten im obigen Rezeptbeispiel dürfen für Frucht-Sorbet nicht verwendet werden?

______

Frucht-Sorbet ist deshalb für Menschen mit bestimmter Unverträglichkeit besonders geeignet: für Menschen ______

4 Beschreiben Sie, warum für Fruchteis grundsätzlich etwas Zitronensaft zugegeben wird.

______

______

Speiseeis: Hygiene und Verkauf

Informieren Sie sich, warum Lebensmittelkontrolleure besonders die Eisherstellung überwachen. Testen Sie das Eis in Ihrer Konditorei und stellen Sie dabei die Qualitätsmerkmale fest. Diskutieren Sie auch mit Ihren Kolleginnen und Kollegen, wie Eis in der Eistheke verkaufsfördernd präsentiert werden soll.

1 Unterstreichen oder markieren Sie den passenden Halbsatz.

Eine zu hohe Anzahl an Mikroorganismen gelangt hauptsächlich
a) über zu warme Raumluft in den Eismix. b) bei warmer Eisherstellung in den Eismix.
c) durch unsauberes Arbeiten in den Eismix.

Mikroorganismen vermehren sich im Eismix besonders gut
a) durch den hohen Anteil an Vitaminen und Mineralstoffen der Milch bzw. Früchte.
b) wegen des hohen Wasseranteils sowie des hohen Zucker- und Eiweißgehalts.
c) durch das langsame Gefrieren in der Eismaschine.

Eis mit einer erhöhten Anzahl an Mikroorganismen
a) riecht und schmeckt etwas unangenehm und die Farbstoffe verblassen leicht.
b) ist unschädlich, weil die Mikroorganismen bei Kälte absterben.
c) ist gesundheitsschädlich, wobei die Krankheiten schnell auftreten.

2 Beschreiben Sie die Qualitätsmerkmale von hochwertigem Speiseeis.

Konsistenz: ___

___

Schmelz beim Verzehr: ___

___

Geschmack: ___

___

___

3 Erklären Sie, wie die Eissorten in der Eistheke attraktiv ausgestellt werden, damit sie zum Kauf anregen (animieren). Füllen Sie die Lücken der Sätze mit den angegebenen Wörtern.

dekoriert – dunkle – Eisnamen – Eissorten – Eistheke – Farbkontrast – gefüllt – Preis – rote – sauber abgeschabt – über den Rand – unansehnlich – verkaufshemmend

- Zwischen den hellen Eissorten sollten ___ oder ___ Eissorten stehen, um einen lebhaften ___ zu bilden.
- Die Eisschalen sollten hoch ___ hinaus ___ werden. Weniger als bis zur Hälfte gefüllt, wirken sie ___.
- Die Oberfläche jeder Eissorte sollte ansprechend ___ werden.
- Bei den Eisschalen, aus denen schon Eis entnommen wurde, sollte der Rand ___ ___ werden, weil verschmierte Ränder ___ wirken.
- Einheitliche Schilder mit den ___ sollten gut lesbar bei allen ___ stehen.

Name:	Klasse:	Datum:

LF 12

Eisbecher: Herrichten und Servieren

Bei einem Seminar zur Herstellung von Eisbechern sollen Sie als Lernzielkontrolle einen bekannten Eisbecher zubereiten, der lecker aussieht, sodass sich der Gast beim Servieren darauf freut.

1 Nennen Sie die Zutaten für Eisbecher.

Hauptbestandteil:

erfrischende Zutaten:

auf die Eisbecher garnieren:

Flüssigkeiten als Dekor:

Flüssigkeiten für den Geschmack:

Gebäcke:

2 Beschreiben Sie das schrittweise Herrichten der meisten Eisbecher.

- Gläser oder Schalen für Eisbecher vorbereiten:
- Damit der Inhalt bei hohen Gläsern erhöht wird:
- Hauptbestandteil des Eisbechers einfüllen:
- Flüssigkeiten für Geschmack und Optik eingießen:

- Erfrischende Zutaten für Geschmack und Farbe auf das Eis geben:
- Als Abschluss auf den Eisbecher garnieren:
- Farbkontrast auf die Schlagsahne geben:
- Knusprige Gebäcke zum Schluss:

Auf welche Zutaten wird bei Eisbechern für Kinder verzichtet?

Nennen Sie das beliebteste Eis und erklären Sie, welche Bedeutung dies für das Herrichten der Eisbecher hat.

beliebtestes Eis:

Bedeutung für Eisbecher:

3 Erklären Sie, wie Eisbecher beim Gast serviert werden.

LF 12

Eisbecher

In der Eiskarte sind die verschiedenen Eisbecher abgebildet, bei denen die jeweiligen Zutaten angegeben sind. Die Gäste wählen nach ihren Geschmacksrichtungen und erwarten, dass die bestellten Eisbecher so wie in der Eiskarte abgebildet serviert werden. Sie sollen im Café die klassischen Eisbecher herrichten.

1 Benennen Sie die Hauptbestandteile folgender Eisbecher. Schlagsahne und Eisgebäck befinden sich auf jedem Eisbecher und werden deshalb nicht angegeben.

Eisbecher mit gemischtem Eis – mit oder ohne Schlagsahne

-

  Meistens werden die drei beliebtesten Sorten zugegeben:

- evtl.

Erdbeerbecher

- passende Eissorten: und
- Früchte:
- süße Soße:

Bananensplit

- Eisbecherform:
- Anzahl der Eiskugeln:
- Beispiel der Eissorten:
- Frucht:
- süße Soße:

Schwarzwälder Kirschbecher

- passende Eissorten: und
- Früchte:
- Spirituose:
- süße Soße:

2 Beschreiben Sie auf einem gesonderten Blatt die Bestandteile folgender Eisbecher:
- Früchtebecher
- Kiwibecher
- Schokoladenbecher
- Amarettobecher
- Mokkabecher

Beschreiben Sie die Bestandteile und die Herstellung folgender Eisbecher:
- Vanilleeis mit heißen Himbeeren
- Kindereisbecher (beliebige Zusammenstellung)

Name:	Klasse:	Datum:

LF 12

Sahneeis

In den Sommermonaten bietet Ihr Café Eisspezialitäten wie Eistorten, Eisbomben und Eisdesserts an. Diese bestehen hauptsächlich aus Sahneeis. Stellen Sie Sahneeis für diese Eisspezialitäten her.

1 Beschreiben Sie, wie Schlagsahne und Parfait (sprich: Parfä) zu Sahneeis bzw. Rahmeis hergestellt werden. Geben Sie die Herstellungsschritte dieser zwei Varianten der Reihe nach an.

Schlagsahne	Parfait
• Bearbeitung des Hauptbestandteils:	• Bearbeitung des Hauptbestandteils:
• Zugabe zur Geschmacksabrundung auf 1 l:	• geschmackverbessernde Zutaten:
• Geschmacksbestimmung:	• Geschmacksbestimmung:
Beispiele: – – – – –	Beispiele wie bei der Schlagsahne. • Bestandteile zum Parfait zusammenführen:
Erklärung dieser Schlagsahne:	**Erklärung von Parfait:**

2 Beschreiben Sie anhand folgender Abbildungen, wo Schlagsahne bzw. Parfait zum Einsetzen für die Eisspezialitäten eingefüllt wird:

für Eistorten:

für Eisbomben:

für Eisdesserts:

Was geschieht mit der eingesetzten Schlagsahne bzw. dem Parfait?

LF 12

Eistorten

Sie werden in Ihrer Konditorei beauftragt, Eistorten mit Parfaits verschiedener Geschmacksrichtungen herzustellen. Außerdem ist eine Fürst-Pückler-Eistorte bestellt.

1 Tragen Sie die Zutaten in das Rezept für Erdbeerparfait ein und beschreiben Sie die Herstellung.

Rezeptbeispiel: Erdbeerparfait für 1 Eistorte	Herstellung
700 g ______	• Schlagsahne ______
100 g ______ (4 Stück)	• Eier, Eigelb und Zucker ______
80 g ______ (4 Stück)	______
150 g ______	• ______
400 g ______	______
40 g ______	______
______ g Erdbeerparfait	• ______
	______

2 Beschreiben Sie das Einsetzen von Eistorten. Füllen Sie die Lücken der Sätze.

- Auf ein Pergamentpapier einen ______ legen.
- ______ in den Tortenring füllen und die Oberfläche ______.
- Das Parfait im Tortenring in den ______ stellen und ______.

3 Erklären Sie das Fertigstellen der eingesetzten, tiefgefrorenen Eistorten. Tragen Sie den Buchstaben der richtigen Satzhälfte in das Kästchen ein, um die zwei Sätze zu vervollständigen.

Die eingesetzte, tiefgefrorene Eistorte auf eine Unterlage setzen.

Diese besteht aus ☐

a einem dünnen Mürbeteigboden mit Konfitüre bestrichen.

b einem Baiserboden mit Kuvertüre bestrichen oder einer Tortenbodenscheibe mit Schlagsahne bestrichen.

c einem Brandmasseboden mit Preiselbeeren bestrichen.

Die Eistorte auf der Unterlage fertigstellen, ☐

a mit einem Torteneinteiler einteilen und jedes Stück mit Buttercreme ausgarnieren.

b oben dünn mit Ganache bestreichen und mit Schokospänen oder gehobelten Mandeln bestreuen.

c wie eine Sahnetorte mit Schlagsahne einstreichen und ausgarnieren.

4 Erklären Sie die traditionelle Fürst-Pückler-Eistorte, bei der die Sahneeissorten der drei Schichten farblich von unten nach oben festgelegt sind. Geben Sie auch den Farben entsprechend passende Geschmacksrichtungen an.

	Farbe	Geschmack der Parfaits
untere Schicht:		
mittlere Schicht:		
obere Schicht:		
Unterlage:		

Die Garnierung und der Dekor sind beliebig.

Name:	Klasse:	Datum:

Eisbomben, Eisdesserts

Ihre Konditorei möchte die Gäste des Cafés in der neuen Eiskarte über Eisspezialitäten informieren. Dafür sollen Sie kurz verschiedene Eisbomben und bekannte Eisdesserts beschreiben.

1 Erklären Sie Eisbomben, indem Sie die Lücken mit den angegebenen Wörtern füllen.

Dekormittel – Dessertteller – Eis – Formen stürzen – Fruchteis – halbkugelförmige Metallformen – Kern – kleinen Löffel – Mantel – Milcheis – Parfait – Sahneeis – Schlagsahne – Stücke geschnitten – Volumen

In welche Formen werden Eisbomben eingesetzt?

Sie werden in ______ mit ¼ bis 2 l ______ eingesetzt.

Beschreiben Sie die Zusammensetzung von Eisbomben.

- Außenschicht: ______ mit ein oder zwei Schichten aus ______, z. B. ______ und/oder ______.
  Das Innere: Der ______ besteht aus ______, das gefroren zu ______ wird.

- Garnierung: Die gefrorenen Eisbomben aus den ______ und mit ______ sowie ______ ausgarnieren.

Wie werden Eisbomben serviert?

Eisbomben werden je nach Größe in ______. Jedes Stück auf einen ______ stellen und mit einem ______ servieren.

2 Erläutern Sie Cassataeis.

Form: ______

Mantel: ______

Kern: ______

3 Beschreiben Sie das Eisdessert „Omelette surprise".

- Einsetzen in einer Kastenform: ______
- Das aus der Form genommene Eis: ______

- Außen einstreichen: ______
- Behandlung der Masse: ______

Soufflémasse besteht aus: ______

4 Erklären Sie, wie Stücke von Eistorten, Eisbomben und Eisdesserts abgeschnitten und gegessen werden.

Das Eis abschneiden: ______

Das Eis auf dem Dessertteller vor dem Essen: ______

LF 12

Vollkorngebäcke

Kunden, die sich gesund ernähren, möchten häufig Vollkorngebäcke. Sie sollen deshalb Vollkornhefezöpfe herstellen und beachten dabei die Unterschiede zu Hefeteigen aus Weizenmehl.

1 Geben Sie die Unterschiede der Hefeteige aus Vollkornmehl und aus Weizenmehl an.

Rezeptbeispiel: Vollkornhefeteig

1 000 g	Weizen- oder Dinkelvollkornmehl
600 g	Milch
60 g	Hefe
120 g	Zucker
200 g	Butter
100 g	Vollei (2 Stück)
10 g	Salz
	Zitronen- und Vanillearoma
Knetzeit:	6 Minuten Langsamgang, 6 Minuten Schnellgang
Teigruhe:	30 Minuten

Unterstreichen oder markieren Sie die Zutat im Vollkornrezept, die sich deutlich von der Rezeptur des Hefeteigs aus 1 000 g Weizenmehl unterscheidet. Geben Sie die Menge dieser Zutat beim Hefeteig an.

Begründen Sie den Mengenunterschied:

Geben Sie die Teigführung beim Vollkornhefeteig an:

Begründen Sie die Teigführung:

Für welche Gebäcke kann der Vollkornhefeteig verwendet werden, wenn bei dem Rezept noch 200 g Sultaninen zugegeben werden?

2 Beschreiben Sie, wie Vollkornmehl hergestellt wird.

Nennen Sie die drei Bestandteile der Getreidekörner, die im Vollkornmehl enthalten sind.

-
-
-

Erläutern Sie, warum Vollkorngebäcke einen besonderen Gesundheitswert besitzen.

3 Vergleichen Sie die Frischhaltung von Vollkornhefeteiggebäcken und Hefegebäcken aus Weizenmehl.

Begründung:

Name:	Klasse:	Datum:

Erzeugnisse für Diabetiker

Viele Menschen in unserer Gesellschaft leiden an Diabetes mellitus. Nur bestimmte Erzeugnisse der Konditorei sind für Zuckerkranke verträglich. Diskutieren Sie mit Kolleginnen und Kollegen in der Berufsschule über die Ernährungsregeln der Diabetiker.

1 Lesen Sie den Text und beantworten Sie dann die Fragen.

Im Blut befindet sich stets eine gleichbleibende Menge Zucker, ca. 1 g Zucker in 1 l Blut. Dieser wird an die Körperzellen und das Gehirn abgegeben, da diese ständig Energie benötigen.
Beim Essen von Kohlenhydraten geht der Zucker vom Darm in das Blut über. Damit der Zuckeranteil im Blut nicht steigt, wird der überschüssige Zucker in der Leber und den Muskeln als Zuckerreserve gespeichert. Ist der Blutzucker verbraucht, wird der gespeicherte Zucker an das Blut abgegeben, sodass der Blutzuckerspiegel immer gleich bleibt. Die Zuckerspeicherung wird vom Insulin geregelt, ein Hormon, das in der Bauchspeicheldrüse gebildet wird. Bei Diabetikern erzeugt die Bauchspeicheldrüse zu wenig oder kein Insulin oder das Insulin wirkt nicht, sodass Diabetes eine Zuckerstoffwechselerkrankung ist. Der Zucker geht sofort nach der Verdauung in das Blut über und kann nicht als Zuckerreserve gespeichert werden. Der Blutzuckerspiegel steigt zu hoch an, was zu Krankheiten führt. Ist der Zucker im Blut durch den Energiebedarf des Körpers verbraucht, erhalten die Körperzellen und das Gehirn keine Energie mehr. Dies führt zu Schwächeanfällen und dann zur Bewusstlosigkeit.

Wofür muss ständig eine gleichbleibende Menge Zucker im Blut vorhanden sein?

Was geschieht mit dem überschüssigen Zucker, wenn der Zuckerspiegel im Blut gesättigt ist?

Welcher Stoff bewirkt die Zuckerspeicherung, damit der Zuckerspiegel im Blut konstant bleibt?

Wodurch wird die Zuckerkrankheit verursacht?

2 Diabetiker beachten bei der Ernährung den Stoffwechsel der verschiedenen Kohlenhydratarten. Resorption bedeutet das Übergehen der Nährstoffe vom Darm in das Blut.

Kohlenhydratarten	Lebensmittelbeispiele	Wirkung auf den Blutzuckerspiegel
______ wird sofort in das Blut resorbiert.	• • •	
______ wird nach und nach resorbiert, da sie bei der Verdauung langsam abgebaut wird.	• • •	
______ verzögern stark die Resorption von Zucker.	• •	

LF 13

Bio-Backwaren, Backwaren für Zöliakiekranke

Sie sollen einen Flyer als Werbung für Ihre Bio-Backwaren erstellen. Schreiben Sie wichtige Punkte auf. Ihre Konditorei möchte Gebäcke für Menschen mit Zöliakie einführen. Informieren Sie sich über das Krankheitsbild und die benötigten Zutaten für diese Gebäcke.

1 Ihre Konditorei bietet Bio- bzw. Öko-Vollkorngebäcke an. Erklären Sie, welche Rohstoffe dafür verwendet werden müssen, damit die Waren mit dem EU-Bio-Logo gekennzeichnet werden dürfen.

DE-ÖKO-000
EU-Landwirtschaft

Getreide:

Milch, Butter, Eier von Tieren:

Ein guter Werbeeffekt wird mit folgender Herkunft der Lebensmittel erzielt:

2 Schreiben Sie folgende Getreide- und Pseudogetreidearten zu den untenstehenden Begriffen:

Weizen – Buchweizen – Mais – Dinkel – Roggen – Reis – Amaranth – Hirse – Hafer – Quinoa – Gerste

Glutenhaltige Getreidearten:

Glutenfreie Getreidearten:

Glutenfreies Pseudogetreide:

Kreuzen Sie den Nährstoff an, der bei Zöliakie die Krankheit auslöst.

- [ ] Eiweiß Gluten
- [ ] nichtvergärbarer Milchzucker
- [ ] unverdauliche Ballaststoffe

3 Ergänzen Sie die Zutaten bei dem Hefeteig für Zöliakiekranke im Unterschied zu einem gewöhnlichen Hefeteig. Beachten Sie die zusätzliche Lockerung, weil die Hefe nicht ausreicht.

1 000 g ____________
400 g Milch
60 g Hefe
30 g ____________
150 g Vollei (3 Stück)
200 g Butter
10 g Salz
Zitronen- und Vanillearoma

Welche Mehle sind für Zöliakiekranke nur verträglich?

Was muss beim Abwiegen und Ausrollen von glutenfreiem Hefeteig unbedingt beachtet werden?

Warum entstehen aus glutenfreiem Hefeteig flachere Gebäcke mit geringerer Lockerung?

Erklären Sie, warum in glutenfreies Mehl z. B. Johannisbrotkernmehl und Guarkernmehl gegeben werden. Ergänzen Sie den Satz mithilfe folgender Wortteile.

Lockerungs – stoffen – fest – gase – Quell – halten

Sie werden mit Wasser zu ____________, die die ____________ etwas ____________ können.

Name: | Klasse: | Datum:

LF 13

Energieriegel, pikante Snacks

Im Trend liegen Gebäcke als Energiezufuhr zwischendurch. Müsliriegel suggerieren in ihrer Bezeichnung die Fitness, die sie bewirken sollen. Als pikanten Snack bietet Ihr Konditorei-Café Quiches an, die Sie zur Information für das Verkaufs- und Bedienungspersonal beschreiben.

1 Beschreiben Sie die Herstellung von Müsliriegeln mit folgendem Rezeptbeispiel:

Rezeptbeispiel	Herstellen der Masse	Fertigstellen der Müsliriegel
350 g Zucker 100 g Glukosesirup 150 g Honig 350 g Schlagsahne 150 g Butter	Herstellung wie eine Röstmasse: ______ ______	Die Masse auf ein mit Backpapier belegtes Blech von 60 x 40 cm ______ ______.
200 g Vollkornhaferflocken 400 g Mandeln, gehackt 200 g Kokosraspeln 600 g Sonnenblumenkerne 100 g Kürbiskerne 100 g Leinsamen	Bearbeitung der Zutaten zur Geschmacksverbesserung: ______ ______	Backtemperatur: 160 °C Backzeit: 20 Minuten, leicht braun backen Nach dem Abkühlen rechteckige Stücke schneiden.
______ g Masse	Die abgerösteten Zutaten in die ______ ______.	Die Riegel am Boden und an den Rändern ______ ______.

Erklären Sie den Kunden anhand der Rezeptur die Besonderheiten von „Müsliriegeln".

2 Quiches werden im Café als pikante Snacks angeboten. Lösen Sie das Kreuzworträtsel mithilfe des Rezeptbeispiels für die bekannte Quiche Lorraine (sprich: Kisch loreen), vier Quiches in flacher Tortenform.

Teig als Boden:
1 000 g Weizenmehl
500 g Butter
150 g Wasser
10 g Backpulver
15 g Salz
Paprika, Pfeffer

Belag auf dem Teig:
1 200 g Zwiebeln
800 g durchwachsenen Schinken
800 g Schmand
850 g Vollei
650 g Emmentaler Käse, gerieben
Salz, Pfeffer, Paprika, Petersilie, Schnittlauch

Bezeichnung des Teigs:

Waagerecht: (Ü = UE; Ä = AE, ß = SS)
1. Die Böden der Quiches bestehen aus
2. Die geschmacksgebende Zutat, die gerieben in den Belag gegeben wird, ist
3. Die besonders bekannte Quiche heißt
4. Einen pikanten Geschmack im Belag ergibt magerer mit Fett durchzogener

Senkrecht:
1. Der Mürbeteig für Quiches ist ein Mürbeteig ohne
2. Schmand ist saure
3. Durch welche Zutat wird der Belag flüssig und wird auf den Teig gegossen?
4. In welchem Zustand schmecken Quiches am besten und werden deshalb so serviert?
5. Die Zutaten, die in Butter glasig gedünstet werden, sind

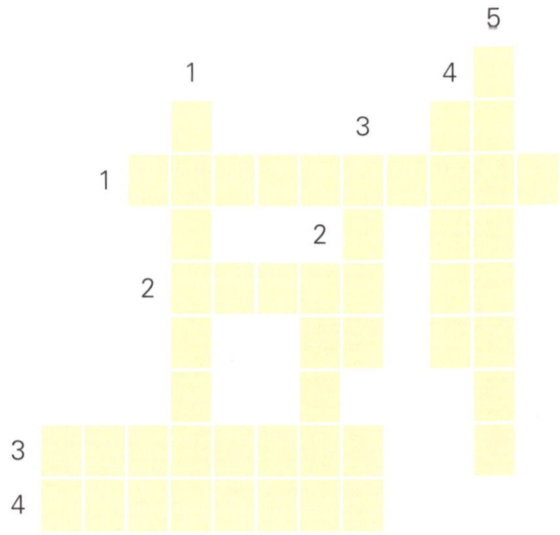

Aktionen: Anlässe, Planung

Die Geschäftsleitung Ihrer Konditorei diskutiert gemeinsam mit den Mitarbeitern aus Verkauf und Produktion die Gründe für Aktionen, die die Planung und Durchführung rechtfertigen. Dann suchen Sie nach passenden Anlässen für Aktionen und stellen die einzelnen Schritte für einen Aktionsablauf zusammen.

1 Erklären Sie, warum Konditoreien mit Aktionen den Umsatz steigern können. Ergänzen Sie den Text mit folgenden Satzteilen.

Absatz der Waren erhöht – bleiben dem Betrieb erhalten – Image – neue Kunden gewonnen – neue Waren bekannt machen – vielen Menschen bekannt – von der Konkurrenz abheben – zum Kauf angeregt

- Die Konditorei wird durch Aktionen bei ______________________.
  Dadurch können ______________________ werden. Stammkunden sowie Gelegenheitskunden ______________________.
- Bei einer Aktion kann die Konditorei ______________________.
- Durch die Werbung für die Aktion werden viele Verbraucher ______________________, was den ______________________.
- Durch die Demonstration der Leistungsfähigkeit bei der Aktion kann sich die Konditorei ______________________. Auch verbessert der Betrieb dadurch sein ______________________.

2 Nennen Sie mögliche Anlässe für Aktionen in der Konditorei.

Auf den neuen Betrieb aufmerksam machen:

Vorstellen und Bekanntmachen spezieller Erzeugnisse der Konditorei:

Zu Festtagen:

Als gemeinnützige Aktion, auch zusammen mit anderen Firmen oder Vereinen:

3 Benennen Sie die einzelnen Schritte eines Ablaufplans, nachdem das Motto der Aktion feststeht.

Zeitplan:	Sortimentsangebot:	Materialbedarf:	Bekanntmachen:

Reibungslose Durchführung:

Wirtschaftlichkeit:

Name:	Klasse:	Datum:

LF 14

Aktion: Festtagstorten

Ihre Konditorei plant eine Aktion mit dem Thema „Festtagstorten – kunstvoll gestaltet".
In Teamarbeit fassen Sie in Ihrem Betrieb die Ideen für diese Aktion in einem Brainstorming zusammen.

1 Überlegen Sie sich drei verschiedene Mottos für die Aktion.

•

•

•

2 Geben Sie Beispiele an, für welche Anlässe Festtagstorten bei der Aktion gezeigt und angeboten werden können.

•

•

•

•

Wie können Festtagstorten in den verschiedensten Gestaltungen grundsätzlich den Kunden zur Erleichterung der Wahl gezeigt werden?

3 Legen Sie einen günstigen Zeitplan für die Aktion fest.

ideale Jahreszeit:

Mögliche Dauer der Aktion:

•

•

4 Im Verkaufsraum soll ein Konditor zu bestimmten Zeiten die Herstellung von verschiedenem Tortendekor demonstrieren. Welche Tätigkeiten können den Kunden gezeigt werden?

•

•

•

Wie kann während der Aktion den Kunden im Laden zu jeder Zeit die Herstellung von Festtagstorten ausführlich gezeigt werden?

5 Welchen Kaufanreiz kann die Konditorei bei der Aktion den Verbrauchern zum Bestellen einer Festtagstorte bieten?

- Bei einer Bestellung während der Aktion oder z. B. innerhalb der nächsten drei Monate:

- Bei einem Gewinnspiel, z. B. einem einfachen Kreuzworträtsel oder Ziehung von Losen:

6 Formulieren Sie einen Satz für ein Werbeplakat einer Aktion zum Thema „Kindergeburtstag".

LF 14

Aktion: Gebäcke mit Äpfeln

Ihre Konditorei möchte eine Aktion „Gebäcke mit Äpfeln aus der Region" durchführen. Im Team planen Sie die Aktion. Bei der Durchführung kontrollieren Sie gemeinsam die einzelnen Schritte und beurteilen zum Schluss die Aktion.

1 Legen Sie einen günstigen Zeitplan für die Aktion fest.

ideale Jahreszeit:

mögliche Dauer der Aktion und die Wochentage:

2 Nennen Sie Waren mit Äpfeln aus folgenden Teigen, die für diese Aktion passend sind.

Mürbeteig:

Mürbeteig oder Hefeteig:

Blätterteig:

-
-

Plunderteig:

Hefeteig für Siedegebäcke:

ölhaltiger Weizenteig:

Apfelerzeugnisse im Café:
zu einer Mehlspeise, z. B. Kaiserschmarrn:

Getränke:

3 Geben Sie werbewirksame Aspekte für Werbeplakate und Flyer an.

Verarbeitung der Äpfel bestimmt die Qualität der Gebäcke:

Umweltgedanke bei der Herkunft der Äpfel:

Partner der Aktion angeben:

4 Sie schreiben auf eine Informationstafel, welche Äpfel sich für Apfelgebäcke eignen.

5 Nennen Sie Beispiele, wie Kunden bei der Aktion angelockt werden können.

-
-
-

6 Erklären Sie, wie das Verkaufspersonal durch die Kleidung bei der Aktion auf die Kunden positiv wirkt.

als Team sich zeigen:

Name:	Klasse:	Datum:

LF 14

Aktion: Siedegebäcke

Siedegebäcke sollen bei der Aktion Ihrer Konditorei im Mittelpunkt stehen. Bei dieser Aktion soll der Absatz von Siedegebäcken gesteigert werden und der Betrieb mit den Qualitätserzeugnissen an Image gewinnen. Sie werden beauftragt die Aktion zu planen und durchzuführen.

1 Legen Sie den Zeitraum fest, in dem Siedegebäcke am beliebtesten sind und überlegen Sie, an welchen Tagen die Aktion am besten durchgeführt werden kann.

Hochsaison für Siedegebäcke:

Dauer:

2 Formulieren Sie zwei originelle Beispiele für das Motto dieser Aktion.

-
-

3 Erstellen Sie ein Werbeplakat, ca. A3-Format, ähnlich folgendem Beispiel:

4 Nennen Sie Siedegebäcke Ihrer Region, die sich neben Berlinern eignen.

-
-
-
-
-

Füllungen für Berliner:

5 Beschreiben Sie folgende Planungspunkte:
Benötigte Rohstoffe ermitteln:

Geeignetes Verpackungsmaterial:

Werbemittel im Laden und Café:

Wirtschaftlichkeit der Warenpreise prüfen:

6 Was kann das Backen von Siedegebäcken im Sichtbereich der Kunden bewirken?

Welche Voraussetzungen muss der demonstrierende Konditor erfüllen?

-
-
-

LF 14

Aktion: Fitness und Power mit Ihrer Konditorei

Ihre Konditorei plant unter dem Motto „Fitness und Power mit Ihrer Konditorei" eine Aktion. Zuerst orientieren und informieren Sie sich, um anschließend zu planen und die Aktionstage durchzuführen.

1 Geben Sie den Zeitraum an, in dem gesunde und leichte Konditoreierzeugnisse für die Fitness die Verbraucher besonders ansprechen.

Zeitraum:

Nennen Sie die mögliche Dauer, in der die Aktion durchgeführt werden sollte.

Dauer:

2 Markieren oder unterstreichen Sie gesunde und gut bekömmliche Erzeugnisse, die während der Aktion im Laden und Café angeboten werden können.

Butterkuchen, Hefezöpfe, Spritzgebäcke, Butterblätterteiggebäcke, Dänische Plundergebäcke, Apfelkuchen, Quarkstrudel aus Strudelteig, Käsestangen, Müsliriegel mit verschiedenen Ölsamen, Sandkuchen, Baumkuchen, Vollkornmürbeteiggebäcke, Buttercremedesserts, Petits Fours, Weinsahnetorte, Frankfurter Kranz, Obsttorteletts mit Vanillecreme, Trüffelpralinen, Früchteeisbecher;

im Café zum Frühstück: Weizenbrötchen, Vollkornbrötchen, Bio-Mehrkornbrötchen mit Ölsamen, Brezeln, Honig, Nugatcreme, Salami, Müsli, Rühreier mit Bacon;

kleine Speisen und Getränke: Gemüsesuppe, Gulaschsuppe, Tomaten-Mozzarella-Snacks, Salatteller, Obstsalat, Zwiebelkuchen, Spargelomeletts, Wiener Würstchen, Früchte- und Kräutertees, Limonaden, Apfelsaftschorle, Mineralwasser, leichtes Weizenbier, verdauungsfördernde Spirituosen, Glas Sekt, Erdbeermilch

3 Es können auch länderübergreifende Waren bei Aktionen angeboten werden. Erklären Sie dies.

4 Lebensmittel, die besonders gesund und somit werbewirksam sind, sollten bestimmte Bedingungen erfüllen. Nennen Sie diese.

-
-

5 Welche Möglichkeit hat die Konditorei, die Aktion einer möglichst großen Zielgruppe rechtzeitig bekannt zu machen?

Medien:

Computer:

im und vor dem Betrieb:

Name:	Klasse:	Datum:

LF 14

Aktion: Durchführung und Auswertung

Bei der Aktion „Fitness und Power mit Ihrer Konditorei" diskutieren Sie in Ihrem Betrieb, welche Kaufanreize den Kunden während der Aktion gegeben werden können. Nach der Aktion wertet die Betriebsleitung mit den Mitarbeitern die Aktion aus, um zu überprüfen, ob sie ein Erfolg war.

1 Nennen Sie mögliche Kooperationspartner für die Aktion „Fitness und Power".

____

2 Beschreiben Sie, welche Personalplanungen der Betrieb vor der Durchführung der Aktion vornimmt, damit durchweg schönste Ware bester Qualität hergestellt werden kann.

- Zur Liste der Erzeugnisse, die bei der Aktion hergestellt werden:

____

____

- Damit neue Waren bei der Aktion fachlich perfekt hergestellt und erklärt werden können:

____

3 Gewinnspiele locken Kunden an. Kreuzen Sie wie die Kunden die richtigen Antworten an.

Gewinnen Sie einen Müsliriegel!
Kreuzen Sie die richtigen Antworten an.

Vollkorngebäcke
- [ ] enthalten Mehl, Schalen und Keimlinge der Getreidekörner
- [ ] besitzen viele energieliefernde Zucker- und Fettstoffe
- [ ] fördern durch den hohen Ballaststoffanteil die Verdauung

Konditoreierzeugnisse mit Obst und Salatteller
- [ ] besitzen einen hohen Anteil Eiweiße und Traubenzucker
- [ ] enthalten viele gesunde Mineralstoffe und Vitamine
- [ ] sind gut bekömmlich und für gesunde Ernährung geeignet

Mineralwasser und Tees
- [ ] enthalten natürliche Aromastoffe
- [ ] sind ideale Getränke und Durstlöscher ohne Kalorien
- [ ] eignen sich hauptsächlich als Getränke bei Krankheiten

Geben Sie eine weitere Möglichkeit für Gewinnspiele an.

____

Wie kann ein Kaufanreiz von Erzeugnissen der Aktion für die Kunden erzielt werden?

____

4 Ergänzen Sie die Fragen bei der Auswertung der gesamten Aktion mit den angegebenen Wörtern.

Dauer – Erzeugnisse – Kosten – Kritik – Lob – Monat – Personal – Reklamationen – Umsatz – Werbemaßnahmen – Werbung

- Ist bei der Zeitplanung der ____ und die ____ der Aktion richtig gewählt worden?
- Welche ____ waren besonders gefragt und beliebt?
- Gab es von den Kunden ____ und ____ oder auch ____?
- Reichte das anwesende ____, sodass keine Arbeitsüberlastung bestand?
- War die ____ ausreichend?
- Welche ____ waren besonders wirkungsvoll?
- Sind die ____ der Kalkulation eingehalten worden?
- Ist der geplante ____ erreicht worden?